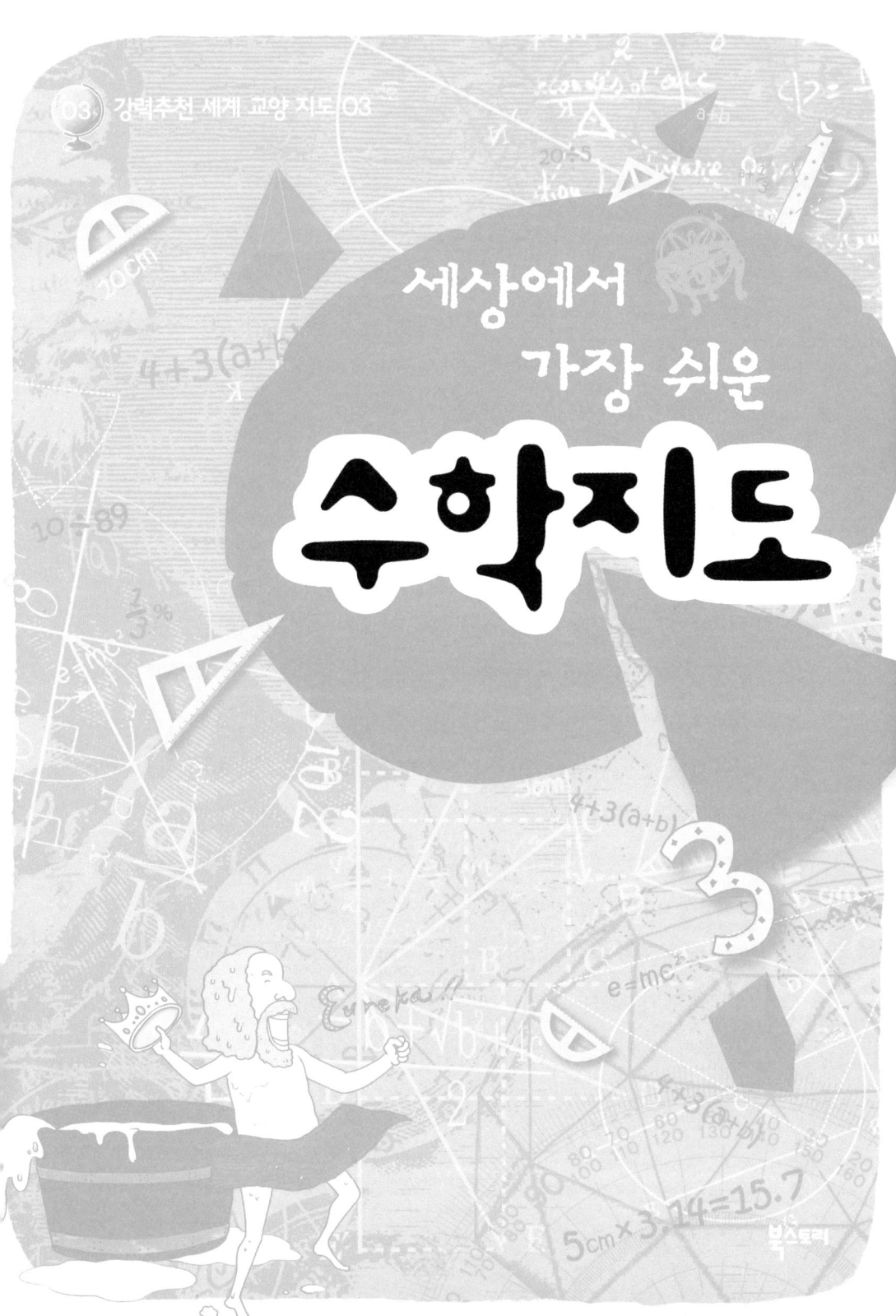

추천의 글

　수학이 어렵고 따분한 과목이라는 것에 이의를 제기하는 사람들은 거의 없을 것이다. 주변에 만나는 사람들을 붙잡고 한번 물어보라. 수학이 멀티플렉스 영화관에 상영되는 SF 오락영화나 점심식사 후에 나누는 수다처럼 재미있고 즐겁다고 말하는 사람을 만날 확률은 심야토론 프로가 TV에서 제일 재미있는 프로그램이라고 말하는 사람을 만날 확률보다도 낮을 것이다. 그런데 수학처럼 따분하고 머리 복잡하게 만드는 과목이 어떻게 인류의 역사가 21세기 현재에 이르기까지 살아남을 수 있었을까? 인류의 극소수에 달하는 사람만이 수학을 쉽고 재미있다고 생각했다면, 수천 년의 시간이 흐르는 동안 수학이 어떻게 우리에게 전해져 올 수 있었겠는가?

실제로 수학은 우리에게 가장 중요한 학문이다. 비록 학문이란 어휘가 주는 거리감에도 불구하고 수학은 우리 생활 곳곳에 영향을 끼치고 있다. 우리가 사용하는 책상, 의자, 그릇은 물론이고 열거하기에도 벅찰 정도로 많은 생활가전제품들, 그리고 컴퓨터와 같은 IT 기기, 핸드폰 등은 수학이 없었다면 만들어 낼 수 없었던 도구들이다. 그렇다. 수학은 우리에게 수많은 편리함을 제공해 왔다. 심지어 우리가 재미있게 보았던 영화에 나오는 장면들에도 컴퓨터 그래픽을 사용하고 있는데, 그것들 역시 수학에 대한 이해에 의존하고 있다는 것을 알고 있는 사람이 적지 않으리라 생각한다. 따지고 보면 고맙기 그지없는 수학이지만 우리 각자가 수학을 대할 때 겪는 난감함이 이런 것들을 떠올린다고 반감될 리는 없다.

이렇게 우리가 수학을 마주할 때 겪는 난감함을 덜어주고 더 나아가 수학을 즐길 수 있게 해주는 책이 있다면 얼마나 좋을까? 나는 『세상에서 가장 쉬운 수학지도』가 그런 책이 되어 주지 않을까 하는 기대를 해본다. 또한 이 책은 제목에서 암시하는 바와 같이 수학을 이해하는 데 유용한 지식들을 모아 놓은 것이기도 하다. 수학 상식과 교과서에 나오는 수학과 관련된 것 중에서 꼭 알아야 할 항목들에 대한 해설, 생활 속에서 겪는 에피소드들에 숨어 있는 수학 원리들, 그리고 우리가 취미로 하는 레포츠 가운데 우리의 행동이 수학과 어떤 관련이 있는지 등에 대해 재미있게 풀어 놓았다. 또한 수학과 관련된 신비한 이야기, 수학계를 뒤흔들었던 일대 사건들, 우리가 그토록 어렵게 생각하는 방정식이나 도형, 미분과 적분 같은 것이 누구에 의해서 어떻게 만들어졌는지 등등에 대한 흥미진진한 이야기를 들려준다. 이러한 것들은 우리가 단순히 수식으로 만나는 수학 문제들에 담긴 본래의 의미를 좀 더 친숙하게 이해할 수 있도록 도와줄 것이다. 수식을 보면서 왜 그러한 것이 필요한지 의문을 품던 독자들도, 이 책을 읽고 나면 결국 그 필요성에 공감할 것이다. 그리고 무엇보다 우리가 수학자라고 부르는 사람들이 수학을 게임처럼 즐겼다는 것을 보여준다. 마치 소풍 가서 친구들과 하는 369 게임이나 범인 잡기 게임처럼 말이다. 분명 수학에는 일정 부분 게임과 같이 즐길 요소가 있다.

  마지막으로 하고 싶은 말은 수학이 하루아침에 만들어진 학문이 아니라는 것이다. 우리는 그것들을 한데 모아 한꺼번에 배우고 있는 것이고, 그 때문에 수학이 어렵게 느껴지는 것은 당연한 일이다. 거기에 주눅들 필요는 전혀 없다. 그리고 무엇보다 우리가 그동안 배워 온 수학에서는 수학 공식들이나 정리들이 탄생하게 된 흥미로운 배경 이야기가 완전히 빠져 있다. 이러한 숨은 이야기들을 알고 나면, 적어도 우리는 건조한 수식에서 오래전에 사라진 옛이야기들을 상상하면서 수학 공식과 정리들을 이해하는 데 크게 도움이 될 것이다. 이 책에서는 거의 모든 꼭지에 이야기를 담아 수학을 설명하려고 노력했다. 이를 통해 독자들이 수학을 자기 나름의 방법으로 즐기고 이해할 수 있게 되기를 바란다.

신동우
산업및응용수학회 동아시아지부 회장

머리말

 딱딱하고 그다지 친절하게 보이지도 않는 교과서들, 그중에서도 수학 교과서는 들춰 보지 않아도 왠지 하품이 나는 책이라고 말한다면 과장일까. 필자는 고개를 끄덕이며 수긍하는 독자들이 많으리라 생각한다. 그게 수학이란 단어가 불러일으키는 인상이다. 어디서부터 공부를 해야 할지 막연하고, 무엇보다 수식과 도형들이 도대체 뭘 말하고자 하는지 알 수 없을 때가 많기 때문이다. 그런 수학에 재미를 붙이고 몰입할 수 있게 된다는 건 왠지 불가능해 보인다. 그럼에도 불구하고 이 따분하기 그지없는 과목인 수학에도 숨겨진 보물에 관련된 이야기처럼 흥미를 끄는 것들이 있다.

 상상해 보라. 뜻 모를 암호 같은 수식들이 어딘가 숨겨진 보물에 관한 암호라고 말이다. 그리고 그 수식은 보물이 산 넘고 물 건너 바다 건너에 있는 것이 아니고 우리 가까이 바로 독자들의 근처에 있다고 말한다면, 아마 여러분은 온 힘을 다해 그 수식을 풀어 보려고 덤벼들 것이다. 물론 그것을 풀려면 수식이 암시하는 것을 풀어 낼 여러 단서들이 필요할 것이다. 이 책은 그 단서들과 같은 꼭지 정보들을 이해하기 쉽게 설명해 놓은 책이다. 마치 보물지도와 같이 말이다. 그리고 대개 보물지도들이 그렇듯이 그것은 어떤 문제에 쉽게 다가갈 수 있는 열쇠 정도만을 제공한다.

이 책을 끝까지 다 본다고 해도 금은보석이 담긴 보석함 따위의 위치 정보나 그것을 발굴해 낼 가능성은 없을 것이다. 그러나 여러분은 이 책의 꼭지 하나씩을 읽어가면서 수학 속에 숨은 재미, 그리고 우리 주변이 얼마나 수학과 친밀한지 등을 발견할 수 있을 것이다. 아주 운이 좋다면 평소에는 별로 신경 쓰지 않고 보던 어떤 사물에서 수학의 원리 같은 것을 발견하고는 이게 이런 원리였구나 하고 감탄하는 일들을 생활 속에서 경험하게 될지도 모른다. 아니 적어도 야구 선수의 타율이나 출루율, 카메라의 화소수가 사진을 더 선명하게 나타낸다는 것 같은 이야기를 친구들과 나누면서 가볍게 이런 것도 수학하고 관계가 있구나 하고 즐기게 되리라 생각한다. 그러니까 수학을 예전보다 좀 더

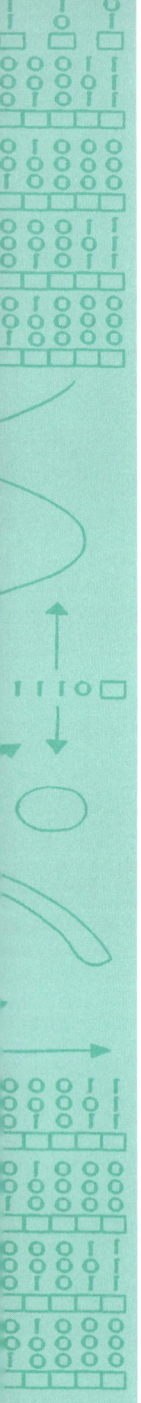

사랑할 수 있게 될지도 모른다. 그것은 사소한 도움에 불과할지도 모르지만, 사실 수학을 사랑하고 즐길 수 있게 되는 것은 수학 점수 몇 점 맞느냐는 문제보다 더 중요한 일이다. 그렇게 되면 언제든지 수학과 친구가 될 가능성이 있기 때문이다. 이 책이 그런 사소하지만 도움이 되는 일에 기여했으면 하는 바람이다.

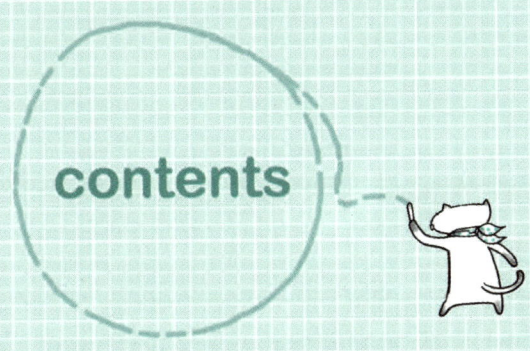

- 추천의 글 … 4
- 머리말 … 8

CHAPTER 1
쉽고 재미있는 숫자의 수수께끼

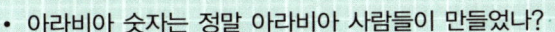

- 아라비아 숫자는 정말 아라비아 사람들이 만들었나? … 18
- 계산 기호는 누가 만들었나? … 20
- 왜 1 이상의 수를 자연수라고 할까? … 22
- 옛날 사람들도 0의 존재를 알았을까? … 23
- 음수를 만든 것은 수학자가 아니다? … 25
- 암호에 즐겨 쓰는 숫자가 있다? … 26
- 사람들은 왜 작은 숫자부터 계산을 할까? … 29
- 원의 중심각이 360도인 이유는? … 31
- 사람들은 왜 10진법을 사용할까? … 33
- 산수와 수학은 무엇이 다른 걸까? … 35

CHAPTER 2
키득키득 기발한 수학자들 이야기

- 탈레스는 지팡이만 가지고 피라미드의 높이를 쟀다? …38
- 피타고라스는 왜 아끼던 제자를 죽였나? …40
- 발 빠른 아킬레스가 느림보 거북을 따라잡지 못하는 이유는? …42
- 21세기에도 유클리드의 책을 읽는 이유는? …44
- 아르키메데스는 왜 알몸으로 목욕탕을 뛰쳐나갔을까? …46
- 에라토스테네스가 측정한 지구의 크기는 정말 정확한가? …49
- 디오판토스는 과연 몇 살까지 살았을까? …51
- 수학 기호를 처음으로 사용한 수학자는? …52
- 세계 최초의 여성 수학자는? …54
- 수학을 이용해 도박을 한 카르다노는 과연 돈을 땄을까? …57
- 네이피어는 어떻게 천문학자들을 도왔을까? …59
- 데카르트가 좌표평면을 만든 계기는? …60
- 미적분은 뉴턴과 라이프니츠 둘 중에 누가 먼저 만들었나? …63
- 수학의 발전과 국가의 발전은 비례한다? …65
- 무한의 크기를 재는 방법이 집합이라고? …68
- 잉카의 숫자는 암호였다? …69
- 브라만 신이 예언한 지구 멸망의 날은? …72
- 상금이 걸려 있던 수학 공식이 있었다고? …74
- 파리 과학아카데미에서 논문의 분량을 제한한 이유는? …76
- 과거에도 수학올림피아드가 있었을까? …78
- 석굴암의 부처님이 평온해 보이는 이유는? …80

CHAPTER 3
유익하고 놀라운 쇼킹 수학사건

- 우리 선조들도 수학을 배웠을까? ···84
- '구구단'이라고 부른 이유는? ···86
- 컴퓨터가 나오기 이전 인류에게 가장 사랑받은 계산기는? ···87
- 세금 때문에 계산기가 만들어졌다고? ···89
- 세계에서 가장 오래된 수학책은 수학 공식집이라고? ···91
- 하루아침에 열흘이 사라진 사건이 있었다고? ···92
- 명왕성의 태양계 퇴출과 수학이 관련 있다? ···95
- 지도 칠하기 문제를 증명한 것은 사람이 아니다? ···97
- 복잡한 해안선의 길이를 재는 방법은? ···98
- 해바라기 꽃에 황금 비율의 비밀이 있다? ···100
- 미국 사람들은 10만 원을 어떻게 읽을까? ···102
- 나와 주민등록번호가 똑같은 사람이 있을까? ···104

CHAPTER 4
흥미진진 알쏭달쏭 수학퀴즈

- 과연 거북이 토끼를 이길 수 있을까? ···108
- 방이 꽉 찬 호텔에서 새로운 손님을 받는 방법은? ···109
- 배달을 하는 데도 그래프가 필요하다? ···111
- 나머지 돈은 도대체 어디로 갔을까? ···113
- 나는 언제쯤 결혼할 수 있을까? ···115
- 수학으로 마음에 드는 이성의 전화번호를 알 수 있다고? ···117
- 경기에 져야 플레이오프에 진출한다? ···119
- 로빈슨이 가지고 간 빵은 모두 몇 개? ···121
- 무인도를 탈출할 수 있는 방법은? ···123

CHAPTER 5
성적이 쑥쑥 교과서 속 수학

- 숫자에도 우열이 있다? ···128
- 아르키메데스가 원 안에 정육각형을 그려 넣은 이유는? ···130
- 큰 사과는 왜 비쌀까? ···132
- 1부터 100까지 더하는 데 10초도 안 걸리는 사람이 있었다고? ···134
- 처음 만난 사람에게 날씨 이야기를 꺼내는 이유는? ···136
- 눈과 코가 서로 다른데 닮아 보이는 이유는? ···137
- 서로 다른 차원을 연결해 주는 수학적 방법은? ···139
- 욕심 많은 부자가 망한 이유는? ···141
- 수학은 왜 벼락치기 공부가 안 될까? ···143
- 모든 집합에 들어가는 집합이 있을까? ···145

CHAPTER 6
궁금증이 모락모락 생활 속 수학

- 소주는 왜 딱 7잔이 나올까? ···148
- 우리가 알고 있는 우리의 키는 정확할까? ···150
- 유럽의 건물에는 0층이 있다고? ···151
- 미국 사람들의 키는 왜 줄었다 늘었다 할까? ···153
- 가위바위보를 잘하는 방법은? ···154
- 단골손님이 대우받는 이유는? ···157
- 평균에는 함정이 있다? ···158
- 왜 물보다 다이아몬드가 더 비쌀까? ···160
- 사다리 타기는 왜 모두가 다른 길을 갈까? ···162
- 시간은 왜 돈일까? ···163
- A4용지는 왜 하필 210mm×297mm일까? ···164
- 축구공은 둥글지 않다? ···166
- 전자여권에서 지문 인식을 사용하는 이유는? ···168
- 바코드가 안전장치라고? ···169
- 여론조사는 과연 정확한가? ···171
- 탈세를 했는지 알려면 장부의 첫자리 수를 보면 된다? ···173
- 돔은 어떤 힘으로 압력을 버틸까? ···174
- 비눗방울에 숨어 있는 자연의 힘은 뭘까? ···176
- 현수교의 모양은 포물선일까? ···178
- 스키 선수들이 활강할 때 지그재그로 내려오는 이유는? ···179
- 휴대전화를 도청하는 것은 가능할까? ···181
- 정말 로또에 당첨될 확률이 벼락을 맞을 확률만큼 낮을까? ···182

CHAPTER 7
믿거나 말거나 기묘한 수학세상

- 4는 정말 불길한 숫자일까? ···186
- 우주인들은 무슨 기준으로 시간을 알 수 있을까? ···188
- 제갈량이 사용한 진법의 정체는? ···190
- 동물들도 셈을 할 수 있을까? ···192
- 인터넷 검색 엔진이 숫자다? ···194
- 노벨상에 수학이 빠진 이유는? ···195
- 수학과 관련된 영화는? ···197
- 수학으로 종말론을 만든 수학자가 있다? ···200
- 음악의 아버지 바흐가 숫자 14를 좋아한 이유는? ···202
- 안과 밖이 하나인 띠가 있다? ···204
- 정말 여자가 남자보다 수학을 못하나? ···205

CHAPTER 1
쉽고 재미있는 숫자의 수수께끼

아라비아 숫자는 정말 아라비아 사람들이 만들었나?

페르시아의 수십만 대군과 스파르타 정예병 간의 전쟁을 그린 영화 '300'을 보면, 페르시아인들의 야만적인 행태에 치를 떨게 된다. 하지만 영화는 영화일 뿐, 실제 페르시아는 스파르타보다 오히려 더 높은 수준의 문화를 꽃피웠다.

중동 지역에 위치했던 페르시아는 오늘날로 치면 이란에 해당한다. 그리고 영화 '300'에서처럼 그동안 중동의 역사는 서구 유럽 중심의 역사에 밀려 폄하되어 왔다. 그러나 중동의 문화는 수준이 대단히 높았으며, 오늘날까지도 우리 삶에 큰 영향을 미치고 있다. 그 대표적인 것이 우리가 사용하는 아라비아 숫자다.

아라비아는 오늘날의 사우디아라비아, 쿠웨이트, 예멘 지역을 일컫는다. 일찍이 아라비아 사람들은 지리적 이점을 이용해 아시아와 유럽을 잇는 메신저 역할을 톡톡히 했다. 특히 셈에 밝아 무역을 통한 막대한 이윤을 챙기기도 했는데, 이때 아라비아 숫자는 매우 유용하게 사용되었다. 그런데 놀랍게도 아라비아 숫자가 처음 만들어진 곳은 아라비아가 아니었다.

아라비아 숫자는 약 1,500여 년 전 인도에서 만들어졌다.

그리고 인도에서 발명된 숫자는 아라비아를 거쳐 유럽에도 전해졌는데, 편리한 인도 숫자 덕분에 유럽의 수학 수준은 급속도로 발전하게 되었다. 그런데 이 당시 유럽 사람들은 인도 숫자가 인도에서 처음 만들어졌다는 사실을 전혀 알지 못했다. 그래서 유럽 사람들은 아라비아로부터 전해졌다 하여 인도 숫자를 아라비아 숫자라 불렀고, 오늘날까지도 그렇게 부르고 있는 것이다.

한편, 당시 유럽에 전해졌던 아라비아 숫자는 오늘날과 그 형태가 사뭇 달랐다. 오늘날 널리 사용되는 아라비아 숫자는 유럽에서 완성된 것이며, 아직까지 아랍의 국가들에서는 옛날 형태의 아라비아 숫자가 사용되고 있다.

계산 기호는 누가 만들었나?

매우 복잡한 듯 보이지만 우리의 두뇌는 의외로 단순해서 어떤 상황에 대해 학습한 대로 반응한다. 가령 피자가 그려진 사진을 사람들에게 보여 줬을 때 과거에 피자를 먹어 본 적이 있는 사람이라면 군침을 흘리지만, 피자를 먹어 본 적이 없는 사람이라면 아무런 반응도 보이지 않는다. 또한 피자를 먹고 체한 적이 있는 사람은 고개를 돌리고 말 것이다.

우리가 '+'를 더하기로 인식하는 것 역시 학습된 결과일 뿐이다. 그리고 사람들이 처음 수를 세기 시작했을 때 이런 기호들은 존재조차 하지 않았다. 하지만 수학이 발전함에 따라 '+'와 '-' 같은 계산 기호들이 하나둘 만들어졌고, 오늘날 이런 계산 기호들은 수학의 필수 요소로 자리 잡게 되었다.

덧셈을 뜻하는 '+'는 '그리고', '또는'이라는 뜻의 라틴어 'et(에토)'에서 유래되었다. 빼기를 나타내는 '-'는 포도주 통에 술이 담긴 만큼의 분량을 눈금으로 표시하던 것에서 착안되었다. 그리고 '+'와 '-'가 처음 사용된 것은 15세기 보헤미아의 비트만이란 사람에 의해서였다. 하지만 '+'와 '-'를 널리 보급한 사람은 16세기 프랑스의 수학자 비에타이다.

'×'와 '÷'는 '+'와 '-'가 탄생한 지 약 140년 정도 지

　난 후에 탄생되었다. '×'는 17세기 영국의 수학자 오트레드가 1631년 『수학의 열쇠』라는 책에서 '×'를 처음 곱하기의 의미로 사용하면서 세상에 알려졌다. 그리고 '÷'는 1659년 스위스의 수학자 하인리히 란에 의해 만들어졌는데, 29년이 지난 후 영국의 존 펠이 보급하면서 널리 사용하게 되었다. 그런데 여기서 '÷'는 전 세계에서 공통적으로 사용되는 계산 기호가 아니라 영국, 미국, 일본, 한국 등에서만 사용되는 기호이다. 그리고 프랑스에서는 나눗셈을 나타낼 때 '÷' 기호 대신에 분수 표시로 나타낸다고 한다.

　이 밖에 '같다'를 뜻하는 '='은 두 평행선의 폭이 항상 같다는 점에서 힌트를 얻어 16세기 영국의 로버트 레코드란 수학자에 의해 사용되기 시작했다.

왜 1 이상의 수를 자연수라고 할까?

지금은 물건이나 과일, 물고기 등을 셀 때 수를 사용하는 것이 자연스럽지만, 인류가 처음부터 이런 편한 방법을 사용한 것은 아니다. 고대에는 이를 셀 때 일대일 대응을 시켜 셌던 것으로 알려져 있다. 물고기 한 마리당 돌멩이 하나를 대응시키거나 사람 한 명당 금을 하나씩 그어 가면서 셈을 했던 것이다.

이것이 점점 발달되어 만들어진 것이 수인데, 이렇게 해서 인류가 최초로 획득한 수의 개념이 바로 자연수이다. 즉, 자연수란 자연에 존재하는 사물이나 생물을 하나하나 세기 위해 만들어진 수인 것이다. 자연수는 이미 어떤 사물이나 생물이 있다는 것이 전제가 된다. 자연수를 셀 때 1부터 시작하는 이유가 여기에 있다. 우리는 자연수를 1부터 시작하여 2, 3, 4, 5……로 계속 크기를 더해 가는 수로 정의하고 있다. 오늘날까지 자연수는 인간의 일상생활에서 가장 널리 쓰이고 있으며, 우리 삶을 풍족하고 편리하게 해 주고 있다.

물론 인류가 만들어 낸 수는 자연수에 그치지 않는다. 참고로 간단하게 소개하면 다음과 같다. 먼저 우리가 정수라고 부르는 것이 있다. 이 수는 자연수와 0, 그리고 음수(-1, -2, -3……)를 포함한다. 다음으로 유리수가 있다. 유리수는

정수와 $\frac{1}{2}, \frac{1}{3}, \frac{1}{4}$ …… 등과 같이 분수로 표시할 수 있는 수를 말한다. 또 실수가 있는데 이는 유리수에 무리수($\sqrt{2}$, π ……)를 포함시킨 수이다. 그 외에도 허수, 복소수가 있다.

옛날 사람들도 0의 존재를 알았을까?

소꿉장난을 하는 아이들을 지켜보면, 한 아이가 "이거 얼마야?"라고 물으면 또 다른 아이가 "빵 원이야."라고 답하는 것을 종종 엿들을 수 있다. 그런데 이런 경우에 값을 지불해야 할까? 일단 물건 값을 말했으니까 값을 치르긴 해야 할 텐데 정작 낼 것은 없으니, 어른들의 시각으로 보면 정말 난감한 일이다. 이렇듯 0은 참으로 애매한 숫자다. 그리고 이런 이유로, 사람들이 처음 숫자를 만들어 사용하기 시작했을 때 0은 미처 생각해 내지 못했다.

0의 쓰임은 매우 유용하다. 0을 사용하면 소수점 이하의 숫자 표현이 가능하고, 무엇보다 숫자의 자릿수 표현이 용이하다. 아무리 큰 단위의 숫자라고 해도 0만 단위에 맞게 채워 넣으면 쉽게 만들어질 수 있으니 말이다. 물론 0이 발견되기 전에도 0의 쓰임을 대체하는 방법은 있었다. 가령

301이라는 숫자를 표현하고자 한다면, 3과 1 사이를 띄어서 0의 자리를 아무것도 없는 상태로 나타내거나 각 단위에 맞는 명칭을 만들어 '3백1'과 같이 표현하곤 했다. 그러나 이런 방법들에는 각각 그 한계가 있었다. '3 1'은 숫자 31과 쉽게 구별이 가지 않았고, 각 단위에 맞는 명칭을 만들어 사용할 경우에는 숫자가 커질수록 계속해서 단위의 명칭을 만들어야만 하는 번거로움이 있었다. 하지만 0이 발견되면서 그런 번거로움이 사라졌다.

0을 처음 발견한 곳도 역시 아라비아 숫자를 처음 만들었던 인도였다. 6세기 무렵, 인도의 수학자들은 0의 개념을 정립시켜 하나의 당당한 숫자로 만들어 사용하기 시작했다.

그 후 0은 세계로 널리 퍼져 나갔다. 그런데 0이 처음 전해졌을 때 사람들은 순순히 0의 존재를 인정하려 하지 않았다. 심지어 로마 교황청은 0이 불길한 숫자라고 하여 사용하지 못하도록 엄격히 금지했다.

음수를 만든 것은 수학자가 아니다?

세계 금융 위기 이후로 경제 뉴스에서는 경제 관련 지수들이 마이너스를 나타냈다는 우울한 소식을 내보내곤 한다. 전 세계적인 경제 불황은 각 가정에까지 여파를 미쳐 많은 가정에서 가계부가 마이너스를 기록했다는 얘기도 종종 나온다. 여기서 마이너스로 표현되는 음수는 수학에서 오랫동안 수라고 생각되지 않았던 수였다.

서양의 수학에서는 1800년대에 와서도 음수를 인정하지 않았다. 많은 수학자들이 음수를 쓸모없거나 모순된 수라고 여기고 다루지 않았다. 생각해 보면 이상한 일도 아니다. 예를 들어 사과 1, 2를 세는 것은 생각으로도 할 수 있지만 실제로 셀 수도 있다. 하지만 사과 −1, −2는 생각하기도 힘들고 현실에서 그런 상황을 만날 일도 없다.

그러나 앞서 얘기했듯이 경제적 측면에서 보면 음수는 일상적으로 가능한 수이다. 장사를 하는 사람들에게는 손해를 보는 일이나 누군가에게 빚을 지는 일이 일상에서 충분히 일어날 수 있는 일이었다. 그래서 상업에서는 음수를 사용하였다. 수학자들은 그런 까닭에 음수를 수학적이라고 생각하지 않았지만, 시간이 흘러 상업이 발달하자 현실에서 사용하는 음수를 인정하지 않을 수 없게 된 것이다.

물론 중국과 같이 고대부터 음수를 사용한 경우도 있다. 3세기경 유휘의 『구장산술』을 보면 계산상의 필요에 따라 음수를 인정하고 있었다. 이 책은 우리나라 신라에서 수학 교과서로 쓰이기도 하였다고 한다. 재미있는 것은 계산을 할 때 수막대를 사용한 것으로 알려져 있는데, 음수는 빨간색으로 표시되었다고 한다. 우리가 손실을 봤을 때 흔히 적자가 났다고 말하는데 그 표현의 기원이 여기에 있다고 한다.

암호에 즐겨 쓰는 숫자가 있다?

법과 원칙을 함부로 어기는 것도 문제지만 너무 융통성이 없어도 문제다. 그런데 숫자들 중에도 융통성이라고는 눈곱

만큼도 없는 숫자들이 있다. 바로 소수이다.

소수란 1과 자신 이외에는 나누어지지 않는 숫자를 말한다. 예를 들어 8은 2와 4로도 나누어지지만, 7은 1과 자신이 아니면 나누어지지 않는다. 이들이 소수인 것이다. 그런데 예로부터 수학자들은 소수에 지대한 관심을 가졌다. 소수는 자연수를 만드는 기본적인 재료가 되기 때문이다. 즉, 2와 4는 마찬가지의 하나의 숫자 같지만 실상 4는 2가 모여 만들어진 숫자일 뿐이다.

이런 소수는 다양한 분야에 활용된다. 가장 대표적인 것이 암호다. 가령 15라는 숫자에 숨겨진 암호를 찾아보자. 정답은 3과 5이다. 물론 이 정도는 아주 쉽게 찾을 수 있다. 그러나 숫자의 단위가 엄청나게 커진다면 어떨까? 그렇게 되면 그 숫자에 숨겨진 소수를 찾는 것은 보통 일이 아닐 것이다. 바로 이러한 원리로 소수가 암호에 응용되기도 한다. 이 밖에 소수는 스포츠 스타의 등번호에도 자주 쓰인다. 자연수의 원재료가 되는 소수가 그 팀의 핵심적인 선수를 상징한다는 것이다. 알다시피 박찬호 선수의 등번호도 소수인 61번이다.

한편 1~10 사이에 소수는 2, 3, 5, 7 모두 4개이다. 그러나 21~30 사이에는 소수가 두 개뿐이다. 이처럼 숫자의 단위가 높아질수록 소수가 나타나는 빈도는 줄어든다. 그러나

단위가 엄청나게 커지더라도 소수는 등장한다. 지금까지 발견된 가장 큰 소수는 무려 1297만 8189 자릿수의 숫자라고 한다. 만약 이 자릿수의 숫자를 종이 한 장에 한 자씩 담는다면, 뉴욕에서 애리조나 피닉스까지 이어진다고 한다. 하지만 이 역시도 소수의 끝은 아니다. 이제 학자들은 1억 자리가 넘는 소수를 찾기 위해 밤낮으로 연구에 연구를 거듭하고 있다.

사람들은 왜 작은 숫자부터 계산을 할까?

사람들 중 열에 아홉은 오른손잡이이다. 그래서 대부분의 물건은 오른손잡이 위주로 만들어진다. 심지어 우리가 왼쪽에서 오른쪽으로 글씨를 쓰는 이유도 대부분의 사람들이 오른손잡이이기 때문이다. 그런데 유독 덧셈과 뺄셈을 할 때만은 가장 오른쪽에 있는 일 단위부터 계산을 하곤 한다.

우리가 오른쪽에 있는 작은 수에서부터 계산을 해 나가는 가장 큰 이유는 올림과 내림 때문이다. 가령 25+39를 작은 수부터 계산해 나간다면, 5와 9를 먼저 더해서 4를 남기고 10을 다음 단위로 넘긴 다음 20+30을 계산할 때 10을 함께

더해 주면 쉽게 정답을 구할 수 있다. 하지만 큰 단위의 수부터 계산한다면, 20과 30을 더해 50을 만든 뒤 5와 9를 더해 4를 남기고 10을 가지고 되돌아와서 50을 60으로 고쳐야 하는 번거로움이 생긴다. 뿐만 아니라 종이 위에다 계산을 한다면 쓰고 지운 자국 때문에 종이가 엉망이 될 것이다. 그런데 옛날에는 왼쪽에서 오른쪽으로 큰 단위의 수부터 계산하는 방법이 오히려 더 보편적이었다고 한다.

고대 그리스나 이집트인들은 계산을 할 때 주로 돌멩이를 이용했다. 따라서 50을 60으로 고친다고 해서 크게 번거로울 것이 없었다. 그냥 돌멩이 하나만 더 얹으면 되었기 때문이다. 마찬가지로 오늘날의 수 체계를 완성한 인도에서도 예전에는 큰 수를 먼저 계산하는 방식을 따랐는데, 이들도 계산할 때 쉽게 지우고 쓸 수 있는 흑판을 주로 이용했다. 그런데 종이가 사용되면서 상황이 바뀌었다. 비록 종이가 그 쓰임이 매우 유용하긴 하지만, 아무래도 쓰고 지우는 것이 돌멩이나 흑판만큼 용이하지는 않기 때문이다. 점차 사람들은 작은 수부터 계산하는 방식을 택하게 되었다고 한다.

원의 중심각이 360도인 이유는?

흔히 욕심 많고 심술궂은 사람이 갑자기 착한 행동을 하면 180도 딴 사람이 되었다고 말한다. 이는 중심각이 360도인 원에서 중심점을 기준으로 180도 회전하면 정반대 점에 위치하게 되는 원리에 따른 것이다. 그런데 정말 원의 중심각은 360도일까?

우선 원을 원점을 기준으로 피자를 자르듯이 무수히 많은 수로 잘라 보자. 이렇게 잘린 부채꼴들은 미세하게 잘렸기 때문에 동그란 호는 거의 사라지고 삼각형의 형태가 된다. 그리고 이 세모 형태의 조각들을 엇갈려 쌓으면 사각형의 모양이 될 것이다. 따라서 원의 중심각은 사각형의 네 각의 합과 같은 360도란 사실을 알 수 있다. 하지만 굳이 이렇게 복잡한 방법을 쓰지 않더라도, 원점에서 똑같이 4등분하면 원의 중심에 4개의 직각이 모이는 것을 알 수 있다.

그런데 엄밀히 말해 원의 중심각이 360도인 것은 그렇게 정했기 때문이다. 가령 원의 중심각을 100도로 정했다면 직각은 25도가 될 것이다. 이렇게 원의 중심각이 360도가 된 것은 고대 바빌로니아에서 기원한다.

옛날, 고대 바빌로니아에 한 학자가 있었다. 이 학자는 매일 같은 곳에서 해가 뜨는 것을 관찰했다. 그리고 매일매일

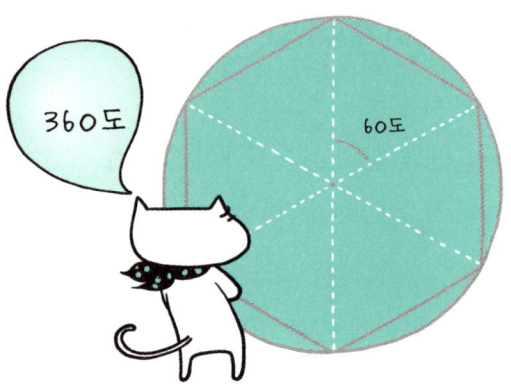

조금씩 바뀌던 해의 위치가 360일 후에는 다시 원래의 자리로 돌아온다는 사실을 알아냈다. 이때부터 사람들은 1년을 360일이라고 생각하게 되었고, 천체의 이치와 닮은 원의 각도도 360도로 정해지게 되었다고 한다.

그런데 또 다른 설에 따르면, 원의 중심각이 360도인 이유를 바빌로니아 사람들이 60진법을 주로 사용했다는 데에서 찾는다. 당시 사람들은 정육각형에 외접하는 원을 그리면 원의 반지름과 정육각형 한 변의 길이가 같다는 사실을 알았다. 그래서 원을 6등분해서 이해하고자 했고, 60진법에 익숙했기 때문에 원 중심각의 $\frac{1}{6}$을 60으로 잡았다는 것이다. 물론 60에 6을 곱하면 360이 된다.

이 밖에 360이란 숫자가 2, 3, 4, 5, 6, 8, 10으로 쉽게 나누어지기 때문에 편의상 원의 중심각을 360도로 정했다는 주장도 있다.

사람들은 왜 10진법을 사용할까?

물가가 치솟는 요즘, 우리가 즐겨 먹는 과자의 가격도 덩달아 오르고 있다. 제조사들은 하나같이 원재료 값의 상승 때문에 어쩔 수 없는 일이라고 말한다. 그런데 만약 그 말이 맞다면 제조사들은 원가 상승분에 맞게 몇백, 몇십, 몇 원 단위로 가격을 올려야 마땅하다. 그런데 왜 딱딱 끊어서 100원, 200원씩 올리는 걸까? 아마도 가장 큰 이유는 계산을 쉽게 하기 위해서일 것이다. 하지만 또 다른 이유를 들자면, 우리의 생각이 10진법에 맞춰져 있기 때문이다.

10진법이란 10이 되면 자릿수가 바뀌는 숫자 체계를 말한다. 예를 들어 8에서 9가 되어도 숫자의 자릿수는 바뀌지 않지만, 9에서 10이 되면 숫자의 단위가 바뀌게 된다. 이것이 바로 10진법이다. 그런데 우리 주변에는 10진법 외에도 다양한 진수법이 존재한다.

벽에 걸린 시계의 시곗바늘은 12시가 넘어가면 다시 1시를 향해 움직인다. 이는 시간을 세는 데 있어 12진법이 사용된다는 것을 의미한다. 마찬가지로 60분이 되면 1시간이 되고, 60초가 되면 1분이 되는 것 또한 분과 초를 세는 데 있어 60진법이 사용된다는 것을 의미한다. 이 밖에도 컴퓨터의 연산 체계는 0과 1로만 이루어져 있다. 이는 컴퓨터의 연

산 체계에서 2진법이 사용되기 때문이다.

이렇듯 다양한 진수법이 존재함에도 불구하고, 10진법이 보편적으로 이용되는 가장 유력한 이유는 인간의 손가락이 10개라는 사실에 있다. 마치 어린아이들이 처음 산수를 할 때 손가락을 사용하는 것처럼 인간이 처음 수를 세기 시작할 때 손가락을 이용함에 따라 10진법이 가장 보편적으로 사용되었다는 것이다. 그러나 인류가 본래부터 10진법을 기본으로 사용한 것은 아니다. 고대 바빌로니아에서는 60진법이 주로 사용되었다고 전해지며, 로마 시대에는 12진법이 주로 사용되었다. 그리고 서양에서 10진법이 사용된 최초의 기록은 976년, 한 스페인 사람의 원고라고 한다. 하지만 동양에서는 이보다 훨씬 먼저 10진법이 사용되었는데, 중국에서 이미 기원전 6세기부터 10진법이 사용되었다고 한다.

산수와 수학은 무엇이 다른 걸까?

불과 얼마 전까지만 해도 초등학교에서는 수학을 배우지 않았다. 무슨 뚱딴지같은 소리냐고 하겠지만, 그때는 수학이 아닌 산수를 배웠다. 물론 이제는 산수가 수학으로 바뀌었지만 말이다. 그런데 산수와 수학의 차이는 무엇일까?

산수란 수의 성질이나 셈의 기초 등 초보적인 계산 기술을 말한다. 이에 반해 수학은 산수보다 훨씬 넓은 개념이다.

수학(數學)이란 한자로 풀이하면 '수를 배운다'란 의미다. 그런데 영어로 풀이해 보면 그 뜻이 조금 다르다. 영어로 수학은 Mathematics이다. Mathematics는 그리스어로

Manthano(배우다)와 Mathema(과학)라는 어원에서 유래한 말이다. 즉, 수학이란 배우고 사고하는 과학이란 의미다.

수학은 수의 관계를 다루는 대수학, 미적분과 같은 해석학, 도형을 다루는 기하학, 확률과 통계, 집합론 등 다양한 분야로 나뉜다. 이 가운데 산수와 대응되는 분야는 대수학이다.

사실 대수학과 산수는 수의 관계를 다룬다는 점에서 그 본질적인 차이는 없다. 다만 대수학에서는 산수에서 다루지 않는 것이 다루어진다. 그것은 바로 정해지지 않은 수의 존재이다.

가령 3+( )=8이라는 식이 있다고 하자. 그렇다면 ( ) 안에 들어갈 숫자는 틀림없이 5가 된다. 이것이 바로 산수다. 그러나 대수학에서는 그 개념이 다르다. $3+x=2+y$ 라는 식이 있다면 x와 y 값은 무한하다. 즉, 답은 있지만 답이 정해지지는 않았다는 것이다. 또한 대수학에서는 숫자가 아닌 문자로 그 식이 설명되기도 한다. 그래서 대수학(代數學)이라 불리는 것이다.

CHAPTER 2
키득키득 기발한 수학자들 이야기

탈레스는 지팡이만 가지고 피라미드의 높이를 쟀다?

청소년 시절, 하루가 다르게 자라는 키가 궁금해서 아침에 일어나자마자 키부터 재 보던 기억이 있다. 그런데 줄자라도 있으면 다행이지만, 30센티미터 자밖에 없을 때는 키 재기가 여간 곤란한 게 아니었다.

하다못해 키 재기도 이리 힘든데 건물의 높이를 재는 것은 오죽할까? 더군다나 마땅한 장비가 없던 옛날에는 더더욱 그랬을 것이다. 그런데 고대 그리스의 수학자 탈레스는 지팡이만 가지고 피라미드의 높이를 잰 일이 있었다.

평소 천문학과 기하학에 관심이 많았던 탈레스는 이집트와 중동 지역을 두루 여행하고 다녔다. 그러던 중 탈레스는 한 가지 궁금증이 생겼다.

"저 피라미드의 높이는 얼마나 될까?"

고대 이집트 왕의 무덤인 피라미드는 만리장성과 더불어 우주 밖에서도 보인다고 할 정도로 엄청난 규모를 자랑한다. 하지만 긴 자가 있는 것도 아니고, 피라미드의 높이를 잴 수 있는 방법은 마땅히 없어 보였다. 그런데 탈레스는 좋은 아이디어를 떠올렸다.

먼저 탈레스는 자신의 지팡이 그림자와 피라미드의 그림

자 끝이 일치되는 지점에 지팡이를 꽂았다. 그리고 지팡이의 그림자와 피라미드의 그림자로 두 개의 직각 삼각형을 만들었다. 물론 이렇게 만들어진 두 개의 직각 삼각형은 닮은꼴이었다.

탈레스는 여기서 비례식과 닮은꼴을 이용하기로 했다. 먼저 탈레스는 피라미드 그림자의 길이를 a로 놓고, 지팡이 그림자의 길이를 b로 놓았다. 마찬가지로 피라미드의 높이를 x, 지팡이의 높이를 y로 놓아 a:b=x:y 라는 비례식을 세웠다. 그리고 이 식을 풀어 피라미드의 높이가 $\frac{a}{b} \times y$ 라는 사실을 알아냈다. 물론 a, b, y의 길이는 직접 재 보면 아는 것이기 때문에 탈레스는 어렵지 않게 피라미드의 높이를 구할 수 있었다.

피타고라스는 왜 아끼던 제자를 죽였나?

수학책을 뒤적이다 보면 간혹 수학자들의 이름이 나온다. 그리고 문득 '이 사람들은 왜 이렇게 재미없는 수학을 연구했을까?' 하는 의구심이 든 적이 있을 것이다. 물론 공부하기 싫어하는 학생의 투정처럼 들릴 수도 있겠지만, 실제로 우리가 아는 수학자들 중에는 수학 그 자체보다도 다른 목적으로 수학을 연구한 사람들도 있었다. 그 대표적인 인물이 피타고라스다.

고대 그리스의 수학자 피타고라스는 피타고라스의 정리와 무리수를 발견한 것으로 유명하다. 여기서 피타고라스의 정리란, 직각 삼각형에서 직각을 낀 두 변의 제곱의 합이 빗변의 제곱과 같다는 법칙을 말한다. 그리고 무리수는 분수로 표시할 수 없는 수, 즉 끝이 없이 나누어지는 수를 말한다. 그런데 피타고라스는 처음 무리수의 존재를 알았을 때 그 존재를 감추기에 급급했다고 한다.

피타고라스는 보통 수학자가 아니었다. 그는 숫자를 매우 신비로운 것으로 여겨 세상의 모든 이치가 숫자로 설명될 수 있다고 믿었다. 가령 숫자 2는 여자, 3은 남자, 그리고 2와 3의 합인 5는 결혼을 뜻한다는 식이었다. 그리고 피타고라스는 이와 같은 원리를 이용해 종교 단체의 교주 행세를 하기도 했다.

한편, 피타고라스에게는 히파수스라는 제자가 있었다. 그런데 히파수스는 피타고라스의 정리에 큰 오류가 있음을 발견했다.

"스승님, 직각을 낀 두 변이 각각 1이라 한다면 빗변의 길이는 어떻게 설명하지요?"

피타고라스는 당황하지 않을 수 없었다. 피타고라스의 정리에 따른다면, 두 변의 길이가 1인 직각 삼각형에서 빗변의 길이는 $\sqrt{2}$ 즉, 1.4142135623……로 끝이 없이 나누어지는 무리수가 되어야 했다. 하지만 이때까지 피타고라스는 세상의 모든 수가 오직 정수와 분수뿐이라고 믿었고, 제자들에게도 그렇게 가르쳤다. 결국 무리수의 존재가 알려지면 그동안 자신이 쌓아 온 명성이 모두 사라질 것이라고 생각한 피타고라스는 히파수스를 몰래 죽이고 말았다. 그러나 손바닥으로 하늘을 가릴 수는 없었다. 결국 피타고라스도 무리수의 존재를 인정했다. 그리고 오늘날 무리수의 발견은 피타고라스의 주요 업적으로 남아 있다.

발 빠른 아킬레스가 느림보 거북을 따라잡지 못하는 이유는?

가끔 공부가 재미없고 어렵게 느껴질 때 '공부 안 하고도 시험 잘 보는 방법은 없을까?' 라는 생각을 할 때가 있다. 하지만 이것은 역설에 불과하다.

역설이란 서로 모순되어 양립할 수 없는 두 개의 명제를 뜻한다. 즉, 공부를 하지 않고 좋은 점수가 나오길 기대하는 것 자체가 말이 안 되는 역설이란 뜻이다. 그런데 역설을 응용해 풀리지 않는 수학 문제를 제시한 사람이 있었다. 바로 고대 그리스의 철학자 제논이다.

아킬레스는 고대 그리스 신화에 나오는 인물로 발이 무

시간	아킬레스의 위치	거북의 위치
1초	10미터	11미터
1.1초	11미터	11.1미터
1.11초	11.1미터	11.11미터
1.111초	11.11미터	11.111미터
1.2초	12미터	11.2미터
1.3초	13미터	11.3미터

척이나 빠른 것으로 잘 알려져 있다. 그런데 제논은 아킬레스도 느림보 거북과의 경주에서는 절대 이길 수 없다고 주장했다.

물론 공정한 방법으로 경주를 해서는 거북이 아킬레스를 이길 수는 없을 것이다. 그래서 제논은 한 가지 조건을 달았다. 거북이 아킬레스보다 10미터 앞서 달리는 것이다. 하지만 아무리 거북이 앞서 달린다고 해도 아킬레스가 거북과 경주에서 질 것처럼 보이지는 않는다. 그러나 제논의 생각은 달랐다.

아킬레스가 거북보다 10배 빨라 1초에 10미터를 달린다고 가정하면, 아킬레스가 10미터 앞으로 나갈 때 거북도 1미터 전진해 11미터 지점에 위치한다. 그리고 아킬레스가 1미터 전진해 11미터 위치에 있을 때 거북은 0.1미터 전진해 11.1미터 지점에 위치한다. 마찬가지로 아킬레스가 0.1미터 전진해 나가더라도 거북은 0.01미터 더 전진해 아킬레스보다 0.01미터 앞서 나간다. 이런 식으로 쪼개다 보면, 아킬레스가 아무리 앞으로 나가더라도 거북은 아킬레스보다 조금 더 앞서 나가게 된다. 처음부터 거북이 아킬레스보다 10미터 앞서 있었기 때문이다.

생각해 보면 맞는 말 같기도 하다. 그러나 제논은 여기서 시간이라는 개념을 빠뜨렸다. 즉, 최소 1.111111……초 동안은 아킬레스가 거북을 앞서 나가지 못한다. 그러나 1.2초만 되어도 아킬레스는 거북을 따라잡을 수 있게 되는 것이다.

21세기에도 유클리드의 책을 읽는 이유는?

라파엘로가 성 베드로 성당에 그린 '아테네 학당'은 수학자들과 철학자들이 등장하는 그림이다. 그중에는 컴퍼스를 돌리고 있는 유클리드도 있다.

기하학의 아버지라 불리는 유클리드는 역사상 가장 뛰어난 수학적 업적을 이룬 수학자이다. 유클리드가 세상에 남긴 책 『기하학원론』은 그 자신이 수학적으로 이룬 것들은 물론, 이전 시대의 수학자들이 이룬 업적들을 체계적

이고 논리적으로 정리한 책으로 고대 수학의 집대성이라 할 수 있다. 이에 당대의 수학자들뿐만 아니라, 유클리드가 수학을 가르쳤다는 이집트의 통치자 프톨레마이오스도 유클리드의 업적에 찬사를 보냈다고 전해진다.

유클리드의 『기하학원론』은 아쉽게도 원본은 전해지지 않고 사본만이 전해지지만 21세기에 이르러서도 수학을 공부하는 사람들에게 여전히 읽히고 있다. 왜냐하면 『기하학원론』은 수학의 거의 모든 분야, 즉 기하학과 대수학은 물론이고 정수론 등의 발전에도 큰 영향을 미쳤으며, 수학의 근간이 되는 것이 총망라되어 있기 때문이다. 또한 유클리드는 참으로 생각하는 몇 가지 기본적인 명제인 공리를 정하고, 그런 공리의 논리적 결과를 반영하는 정리를 만들었다.

이는 연역적 추리에 의한 논리 전개 방식이었는데, 이는 이후 수학의 추론 과정에 커다란 영향을 끼쳤다. 결국 『기하학 원론』은 수학을 공부할 때 꼭 거쳐야 하는 수학의 기본이 되는 책인 것이다.

특히 기하학에 관해서는 다른 수학 부분에서보다 높은 영향력을 미치고 있다. 어떤 면에서 기하학의 상당수는 이미 유클리드에 의해 완성된 것이나 다름없기 때문이다. 그런 까닭에 21세기에도 전 세계적으로 유클리드의 『원론』을 기하학 공부의 핵심으로 다루고 있다.

아르키메데스는 왜 알몸으로 목욕탕을 뛰쳐나갔을까?

에디슨이 말하길 천재는 1퍼센트의 영감과 99퍼센트의 노력으로 이루어진다고 했다. 목표를 이루기 위해서는 재능에 의존하기보다는 노력을 해야 한다는 말이다. 그런데 수학계에는 그 노력이 지나쳐 유명한 일화를 남긴 인물이 있었다. 바로 고대 그리스의 수학자 아르키메데스다.

한번은 지렛대의 반작용 원리를 깨닫고 왕 앞에 가서 긴 지렛대와 지렛목만 있으면 지구라도 움직여 보이겠다고 장담하기도 했다. 그런데 빈말이 아니라 실제로 지렛대와 도르래로 거대한 군함을 바다에 띄우기도 했다. 또 하나는 그 유명한 '유레카'를 외친 일이다.

어느 날, 왕은 순금으로 왕관을 만들었다. 그런데 금관에 은이 섞여 있다는 소문이 돌기 시작했다. 왕은 아르키메데스에게 도움을 청했다. 그러나 아르키메데스라고 뾰족한 수가 있을 리 없었다. 밤낮으로 고민에 고민을 거듭하던 중 아르키메데스는 우연히 목욕탕에 가게 되었다. 그리고 욕조에 들어갔을 때, 욕조에 들어간 몸의 부피와 같

은 부피의 물이 넘친다는 사실을 발견했다. 바로 그 순간, 아르키메데스는 이 원리를 이용하면 금관이 순금인지 아닌지를 알 수 있을 거라고 생각했다. 그 즉시 아르키메데스는 유레카를 외치며 벌거벗은 채로 욕탕을 뛰쳐나갔다. 유레카는 '발견했다'라는 뜻이다.

아르키메데스는 똑같은 질량의 금과 은을 각각 물에 넣고 은이 금보다 더 많은 양의 물이 넘친다는 사실을 알아냈다. 마침내 아르키메데스는 왕이 보는 앞에서 왕관의 금과 똑같은 양의 순금을 물이 채워진 그릇에 넣었다. 그리고 넘친 물의 양을 계산한 뒤, 그릇에 다시 물을 채우고 이번에는 금관을 집어넣었다. 그런데 아니나 다를까, 금관을 넣었을 때 흘러내린 물이 순금을 넣었을 때보다 적은 것이었다. 이로써 아르키메데스는 금관에 은이 섞여 있음을 밝혀낼 수 있었다.

아르키메데스의 일화는 죽을 때까지 계속 되었다. 아르키메데스는 원뿔, 구, 원기둥의 부피 비가 1:2:3이라는 사실을 밝혀냈다. 아르키메데스는 이 발견을 매우 자랑스러워했다. 그래서 이 원리를 자기의 묘비에 새겨 넣게 했다.

에라토스테네스가 측정한 지구의 크기는 정말 정확한가?

인류가 지구의 둘레를 정확하게 잴 수 있게 된 것은 최근에서야 가능했다. 우주 기술의 발달과 인공위성을 이용한 측정법을 통해 이것이 가능하게 된 것이다.

그런데 이러한 기술적 발전이 뒤따르지 않았는데도 비교적 정확하게 지구의 둘레를 잰 수학자가 있었다. 놀랍게도 그는 기원전 3세기 그리스의 수학자 에라토스테네스다. 그는 이집트의 알렉산드리아 도서관의 사서 책임자로 일하고 있었다. 에라토스테네스는 하짓날 알렉산드리아 남쪽 나일 강가에 자리한 시에네(오늘날의 아스완)에서 정오에 수직으로 세운 막대의 그림자가 생기지 않는다는 사실을 관측했다. 또한 같은 시각에 시에네와 같은 경도에 있는 알렉산드리아에서는 수직으로 세운 막대의 끝에 그림자가 생긴다는 것을 발견했다. 이 그림자의 끝과 시에네의 막대 끝을 이으면 그 선과 막대가 이루는 각의 크기가 약 7도를 이룬다는 것도 알아냈다. 즉, 원 둘레의 약 50분의 1이 되는 것이었다.

다음으로 그는 이 두 지역과의 거리가 그리스 단위로 5천 stadia(약 800~925km 정도로 추정, 여기서는 925km로 보자)임을 알아낸 후, 태양에서 오는 빛이 평행으로 오는 것을 가정

세상에서 가장 쉬운 수학지도

해 지구의 둘레를 쟀다. 지구가 둥글고 빛이 평행으로 들어올 경우 시에네와 알렉산드리아는 평행선상에 위치하게 되어 지구의 중심과 엇각을 만들게 되는 위치에 자리한다. 엇각은 서로 각도가 같으므로 사실상 두 지역 간의 거리에 원의 비율을 곱하면 되었다. 즉, 925에 50을 곱하면 되는 것이다. 계산하면 지구의 둘레는 40,650킬로미터이다. 현대 과학자들이 계산해 낸 지구의 둘레가 40,125킬로미터이니 그 계산의 정확도가 상당한 수준이었다고 볼 수 있다.

 이 정도의 차이가 발생한 것은 지구가 타원인 것을 에라토스테네스가 몰랐기 때문이고, 경도가 같다고 계산한 두 지역이 사실은 경도상의 차이를 가지고 있었기 때문이다. 그럼에도 불구하고 기원전 3세기에 이러한 계산을 해냈다는 것은 대단한 일이라고 할 수 있다.

디오판토스는 과연 몇 살까지 살았을까?

살다 보면 '로또라도 당첨돼서 편히 살고 싶다.'라는 생각이 들 때가 있다. 그러나 먼 훗날 자신의 묘비에 새겨질 문구를 떠올려 본다면, 더 이상 그런 생각을 하지는 못할 것이다. 그 누구라도 자기 묘비에 "아무개는 운 좋게 로또에 당첨돼서 평생 호의호식하다가 이곳에 잠들다."라는 문구가 적혀 있기를 바라지는 않을 것이기 때문이다. 이렇듯 묘비에 새겨진 글귀는 그 사람이 살아온 일생을 말해 준다. 그런데 묘비에 이상한 수수께끼를 써 놓은 사람이 있었다. 그는 3세기 후반, 알렉산드리아에서 활약했던 대수학의 아버지 디오판토스다. 디오판토스는 자신의 묘비에 다음과 같은 문구를 적어 놓았다.

"지나가는 나그네여, 이 비석 밑에는 디오판토스가 잠들어 있다. 그의 생애를 수로 말하겠노라. 일생의 $\frac{1}{6}$을 소년으로 살고, $\frac{1}{12}$을 청년으로 살았다. 그 뒤 다시 일생의 $\frac{1}{7}$을 혼자 살다가 결혼하여 5년 후에 아들을 낳았고, 그의 아들은 아버지 생애의 $\frac{1}{2}$만큼 살다 죽었으며, 아들이 죽고 난 4년 후에 디오판토스도 일생을 마쳤노라."

이 수수께끼와 같은 문구로 식을 세워 보면, 디오판토스가 얼마 동안 살았는지를 알 수 있다. 먼저 디오판토스의 나이를 x라 놓아 보자. 그리고 디오판토스는 일생의 $\frac{1}{6}$을 소년으로 살았으니까 그 기간을 $\frac{x}{6}$라 하고, 일생의 $\frac{1}{12}$을 청년으로 살았으니까 $\frac{x}{12}$로 놓는 방법으로 식을 정리해 보자.

$$x = \frac{x}{6} + \frac{x}{12} + \frac{x}{7} + 5 + \frac{x}{2} + 4$$

이 방정식을 풀어 보면, 디오판토스는 84세까지 살다가 죽었다는 계산이 나온다.

수학 기호를 처음으로 사용한 수학자는?

우리는 횡단보도 앞에서 길을 건너려면 보행자 신호를 기다려야 한다는 것을 잘 알고 있다. 신호등의 신호를 통해 차들이 달리고 멈추는 것은 물론이고, 사람들이 도로를 횡단할 수 있는지 없는지가 정해진다는 것을 이미 알고 있기 때문이다. 평소에는 이러한 것의 편리함을 느끼지 못하지만, 서로 약속한 기호를 사용하지 않는다면 우리의 일상생활은 지금보다 불편할 것이다.

  수학의 경우를 생각해 보자. 어떤 계산을 하는데 기호를 사용하지 않는다고 하면, 아마 수학이 더욱 어렵게 느껴졌을 것이다. 사실 역사를 돌이켜보면 고대의 수학이 그랬다. 고대의 수학은 계산을 글로 써서 표현했기 때문에 어떤 문제의 풀이를 하는 데 있어 매우 비효율적이었다. 이를 해결하기 위해 수학 기호를 최초로 도입한 사람이 바로 디오판토스다. 예를 들어 디오판토스 이전의 수학이 '어떤 수에 5

를 더하면 7이 된다.'라고 문제를 풀었다면, 디오판토스는 이를 'x+5=7'과 같이 눈에 들어오기 쉽게 간단한 식으로 표현하였던 것이다.

물론 디오판토스가 수학 기호를 최초로 만들었다고 해서 마음대로 기호를 만든 것은 아니다. 그는 자주 나오는 양이나 연산을 간단한 기호로 표시하여 사용하였던 것이다. 그렇게 해서 만들어진 기호들은 지금 우리가 사용하고 있는 기호와는 많은 차이가 있지만, 이후 수학의 발전에 커다란 도움을 주었다. 기호의 사용으로 훨씬 복잡한 수식들을 간단명료하게 전개하는 것이 가능해졌기 때문이다. 뿐만 아니라 이후의 수학자들이 수학의 새로운 영역을 열 때마다 새로운 기호를 사용함으로써 그 영역을 표현하는 것이 가능해졌다. 이렇듯 디오판토스가 도입한 기호의 사용은 수학을 한 단계 높은 차원으로 이끌었던 것이다.

세계 최초의 여성 수학자는?

수학의 역사를 들여다보면 수많은 수학자들의 이름을 만나게 되지만, 여성 수학자의 이름은 현대에 들어서기까지

좀처럼 눈에 띄지 않는다. 고대에서 근대에 이르기까지 여성이 제대로 된 교육을 받은 일이 없었다는 점에서 그리 놀랄 일은 아니지만, 아쉬운 점이 아니라고 할 수 없다.

그러나 주의를 기울여 보면, 4세기경 여성 수학자 히파티아에 대한 이야기를 찾아볼 수 있다. 그녀는 일생에 대한 기록이 어느 정도 남아 있는 역사상 첫 여성 수학자다. 남성 수학자들의 등장에 비해 한참 늦은 시기이긴 하지만, 고대 그리스에서 여성이 교육을 받는다는 것이 좀처럼 드문 일이었던 점을 생각하면 그녀의 등장이 소중하게 여겨진다.

히파티아(370~415)는 그녀의 아버지 테온에게 수학을 배운 것으로 알려져 있다. 그녀는 복잡한 수학 이론에 대한 쉽고 뛰어난 해석과 그에 따른 주석을 내놓았다. 또한 이를 바탕으로 아폴로니오스, 디오판토스, 아르키메데스 등이 이룬 수학적 업적을 사람들에게 쉽게 가르칠 수 있는 책들을 만들었다고 한다. 물론 직접 학생들에게 수학을 가르치기도 했다. 그녀의 이런 교사로서의 능력은 지금까지 전해지는 여러 자료들에 많이 언급되어 있다. 그러나 아쉽게도 그녀가 남긴 자료나 책 같은 그녀의 수학적 업적을 직접적으로 살펴볼 수 있는 자료들은 후대에 전해지지 않고 있다.

이렇듯 뛰어난 수학자의 면모를 보여 준 히파티아였지만, 시대를 잘못 만난 불행은 피해 갈 수 없었다. 히파티아가 활발하게 활동하던 때는 로마 제국이 기독교를 국교로 삼은 뒤의 시기였는데, 그녀의 수학 연구 활동은 로마 기독교의 교리에 위배되었다. 이 때문에 그녀는 광적인 기독교 신도들의 표적이 되었다. 안타깝게도 415년 3월에 히파티아는 광신적인 기독교 수도승에 의해 살해당했다. 그러나 히파티아에 대한 이야기가 지금까지도 전해지는 것을 보면, 무언가에 대한 진정한 열정은 오랜 시간을 견뎌 내어 많은 사람들의 가슴에까지 전달되는 것이 아닌가 싶다.

수학을 이용해 도박을 한 카르다노는 과연 돈을 땄을까?

도박으로 일확천금을 노렸다가 패가망신하는 경우를 종종 볼 수 있다. 그도 그럴 것이 이길 확률보다 질 확률이 더 높은 것이 도박의 속성이기 때문이다. 이는 수학의 확률을 조금이라도 이해하는 사람이라면 쉽게 알 수 있는 것이다. 그런데 수학자 중에는 수학의 확률을 이용해 도박을 한 사람도 있었다.

르네상스 시기의 수학자 카르다노는 어릴 적 아버지를 여읜 후, 생계를 꾸리기 위해 도박에 손을 대기 시작했다. 확률에 밝은 카르다노는 지는 경우보다 이기는 경우가 더 많았고, 그 덕분에 무사히 대학도 마치고 이후 당대 제일의 수학자이자 의학자로서 이름을 날리게 된다. 그러나 이후에도 카르다노는 도박을 멈추지 않았다. 오히려 더욱 도박에 심취한 카르다노는 하루도 빠지지 않고 도박을 하는가 하면, 도박의 확률을 다룬 『기회의 게임』이란 책을 쓰기도 했다. 이것은 확률론 연구의 시초가 되는 책이었지만 도리어 도박사들의 가이드북으로 더욱 각광을 받았다.

그러나 아무리 확률 계산이 뛰어난 카르다노라고 해도 원래 도박의 끝은 비참한 것이었다. 카르다노는 버는 돈을 족

족 도박판에서 탕진하고 말았고, 그의 기이한 행동은 더욱 심해져 갔다. 꿈속에서 본 신붓감이라며 산적의 딸과 결혼을 하는가 하면, 별점으로 예수의 생애를 연구하다가 이교도로 몰려 감옥살이를 하기도 했다. 급기야 카르다노는 자기가 죽는 날을 예언했다가 그 예언 날짜를 맞히기 위해 스스로 목숨을 끊었다.

네이피어는 어떻게 천문학자들을 도왔을까?

17세기 유럽에서 급속하게 발전한 학문 중 하나가 천문학이었다. 그에 따라 천문학에서 별의 운행을 계산하는 데 점점 문제가 생기기 시작했다. 당시의 천문학자들은 수학적 계산을 종이와 펜을 이용해 직접했는데, 계산할 때 다루는 수가 점점 커졌다. 당연히 천문학자들은 계산하느라 애를 먹을 수밖에 없었다.

스코틀랜드 태생의 수학자 네이피어는 천문학에 관심이 많아 천문학자들이 겪는 어려움을 잘 알았다. 그는 천문학에서 쓰이는 계산법을 좀 더 쉽게 할 수 있는 방법이 뭐 없을까 고민하기 시작했다. 그런 고민을 하던 중에 네이피어는 곱셈과 나눗셈은 수가 커질수록 매우 까다로운 작업이 된다는 것을 알게 되었다. 그래서 이를 덧셈과 뺄셈으로 바꾼다면 계산이 훨씬 수월해질 것이라고 생각했다. 그는 이런 아이디어를 실현하기 위해 20년 동안 연구한 끝에 로그를 발명해 냈다. 이는 수학적 상식을 뒤집는 매우 획기적인 발명이었다. 그에 따라 로그는 다음과 같은 계산을 가능하게 해 주었다.

$$logAB = logA + logB, \quad log\frac{B}{A} = logA - logB$$

이런 계산이 가능했던 것은 밑이 정해진 로그표를 만들어 그 수에 맞는 로그값을 대입하면 구하고자 하는 답을 얻을 수 있었기 때문이다. 네이피어는 처음에 로그의 밑을 e=2.71828……로 정해서 로그의 실용성이 조금 부족했다. 그럼에도 불구하고 기존에 비해 훨씬 편리한 계산법이 가능했기 때문에 큰 호응을 얻었다. 특히 천문학계에서는 자신들의 수명을 두 배 이상 늘려 준 셈이나 마찬가지라며 네이피어를 높이 평가했다.

후에 네이피어는 브리그스의 도움을 받아 밑이 10인 로그를 만들어 낼 수 있었다. 아쉽게도 새로운 로그표를 보지 못하고 죽었지만, 함께 작업한 브리그스에 의해 1624년에 좀 더 실용적인 로그인 상용로그가 발표되었다.

데카르트가 좌표평면을 만든 계기는?

위인들의 일화 가운데 아주 사소한 사건을 통해 새로운 원칙이나 원리를 발견한 이야기들이 많다. 17세기에 수학의 새로운 장을 열고 근대 수학의 상당 부분을 완성한 데카르트에게서도 그런 이야기를 찾아볼 수 있다.

데카르트가 수학에서 최초로 도입한 좌표평면 개념과 관련된 이야기이다. 어린 시절 몸이 허약했던 데카르트는 침대에 누워 많은 시간을 보냈다. 학교에 다닐 무렵에도 마찬가지였지만, 그는 뛰어난 재능을 인정받아 아플 때는 침대에서 공부하는 게 허락되었다. 이것이 습관이 되어 데카르트는 나이가 들어서도 침대에 누워 생각에 잠기곤 했다.

군대에 가서도 이런 습관은 이어졌다. 어느 날, 데카르트는 침대에 누워 명상을 하다가 천장에 붙어 있는 파리를 발견하였다. 평소에는 크게 신경 쓰지 않았을 일이었지만 문득 머릿속에 떠오른 생각이 있었다. 천장에 붙어 있는 파리의 위치를 논리적이고 수학적으로 표현하는 방법이 뭐가 있을까 하는 것이었다. 그것을 위해 고안해 낸 방법이 바로 좌표평면이란 개념이었다.

데카르트는 평면을 x축과 y축으로 나누었다. 그런 다음 x축의 왼쪽은 음수, 오른쪽은 양수로 표현하고 y축의 위쪽은 양수, 아래쪽은 음수로 표현하였다. 이는 가만히 붙어 있는 파리뿐만 아니라 이리저리 움직이는 파리의 위치도 계산할 수 있는 논리적인 수학 개념이었다. 파리의 이동을 표시하는 데에는 함수적 개념이 도입되었는데, x축 값이 변하면

동시에 y축 값도 변하기 때문이었다. 좌표평면 개념은 이를 통해 직선과 곡선 이외의 수많은 기하학적 도형들까지 계산할 수 있었다. 이것은 획기적인 발명이었다. 이로 말미암아 방정식을 이용해 기하학적 계산을 할 수 있는 방법이 가능해졌고, 서로 다른 영역에 속해 있던 수학의 분야를 하나로 통합할 수 있게 되었다. 파리 한 마리에서 얻은 영감이 수학의 새로운 장을 여는 계기가 되었던 것이다.

미적분은 뉴턴과 라이프니츠 둘 중에 누가 먼저 만들었나?

몇 년 전, 한 아이돌 가수의 신곡이 가요계에 표절 논쟁을 일으킨 적이 있었다. 미국의 유명한 가수의 히트곡 주 테마 부분과 너무나 흡사하다는 것이 문제가 되었던 것이다. 결국 표절 논쟁은 논쟁으로만 끝났지만, 우리 문화계에는 끊이지 않고 표절 시비가 일어나고 있다.

오늘날 문화계에서 일어나는 횟수와는 비교도 안 되게 적지만, 수학에서도 유명한 표절 논쟁이 있었다. 바로 미적분학 표절 논쟁이다. 발단은 수학자 뉴턴과 라이프니츠가 거의 비슷한 시기에 미적분을 발견해 낸 데에 있었다. 먼저 표절 의혹을 제기한 것은 뉴턴이었다. 뉴턴은 자신이 미적분학을 먼저 발견했으며, 발표를 미루고 있는 사이 라이프니츠가 표절한 것이라고 주장했다. 그러나 유럽 수학계는 뉴턴의 주장을 받아들이기 힘들었다. 뉴턴이 이미 미적분학을 발견했다는 것에 대해 금시초문이었기 때문이다. 결국 유럽 수학계는 영국 수학계와 유럽 대륙의 수학계로 둘로 나뉘어 다투게 되었다. 영국은 뉴턴을, 유럽은 라이프니츠를 지지하고 나섰던 것이다. 급기야 두 학계는 서로 교류를 완전히 단절하게 되었다. 그 결과 영국 수학은 이후 유럽 수학에 비해 수십 년이나 뒤처지게 되었다.

　사태를 해결해 보고자 더 노력을 기울인 것은 라이프니츠였다. 그는 뉴턴과의 불화를 마무리짓기 위해 영국 학술원에 청원을 냈다. 그런데 이것이 라이프니츠를 더욱 큰 고통으로 내몰았다. 당시 영국 학술원의 원장이 뉴턴이었던 것이다. 뉴턴이 임명한 위원회는 라이프니츠를 표절 혐의로 공식적으로 고발하였고, 그 결과 라이프니츠는 1716년 숨을 거둘 때까지 학계에서 고립되어 살아야 하는 고통을 받았다.

　사실 두 수학자 간의 표절 논쟁은 불필요한 것이었다. 두

수학자가 미적분학에 접근한 방식이 너무도 달랐기 때문이다. 다시 말하면 두 사람 모두 미적분학의 발견자였던 것이다. 뉴턴은 잘 알려져 있다시피 사과가 떨어지는 것을 보고 만유인력을 발견한 물리학자이기도 했다. 그래서 뉴턴의 미적분학은 물체의 운동과 역학을 수학적으로 해석하는 것이었다. 반면 라이프니츠는 수학의 문제들과 관련이 깊었다. 그는 곡선의 기울기를 설명하는 수학적 이론으로 미적분학을 고안해 냈다. 특히 미적분 기호를 정교하게 만들어 낸 것은 큰 업적이었다. 현재 사용되고 있는 미적분 기호는 라이프니츠가 만든 것이다.

수학의 발전과 국가의 발전은 비례한다?

오늘날 우리나라는 수학과 기초 과학에 그다지 투자를 하지 않는다. 뛰어난 인재들이 이 전공을 피해 흔히 돈벌이가 좋다고 하는 전공을 선택하고 있다. 하지만 수학과 기초 과학을 지금처럼 소홀히 한다면 우리나라의 국력은 언젠가 약해지지 않을까 걱정된다. 수학의 발전은 나라의 발전과 밀접한 관계가 있기 때문이다.

18세기 프랑스의 나폴레옹도 이와 같은 생각을 했다. 프랑스 학교 교육 과정에 필수 과목으로 수학을 포함시키는 업적을 남긴 것이 그 증거이다. 나폴레옹의 새로운 교육 정책 시행 이후, 프랑스의 수학과 기초 과학은 크게 발전한 것으로 알려졌다. 물론 나폴레옹이 단순하게 수학의 발전이 강대국의 조건을 의미한다고 생각한 것은 아니다. 이는 그의 삶과도 관련이 있다.

나폴레옹은 수학을 무척이나 좋아했고, 게다가 수학적 재능을 가진 사람이었다. 그가 작은 체구에 힘이 센 사람이 아님에도 군인으로 성공할 수 있었던 비결이 여기에 있다. 어린 시절부터 수학을 잘했던 나폴레옹은 육군 사관학교를 졸업할 때 수학 과목 최우수상을 받았다. 이를 인정받아 나폴레옹은 군대에서 포병 장교로 일하게 되었는데, 실제 전쟁에서 대포의 활용과 발포의 정확도를 높이는 데 수학을 응용해 대단한 성과를 올리게 되었다. 국가 간의 전쟁에서 승리는 곧 나라의 국력이 높아지는 것을 의미했고, 나폴레옹은 이를 전쟁터에서 몸소 경험했던 것이다.

나폴레옹은 본질적으로 수학을 즐기는 사람이기도 했다. 1798년 초여름 이집트 원정에서 승리한 후 가자 지역에 있는 3개 피라미드의 크기를 정확히 계산해 낸 일이 있는가 하면, '임의의 삼각형에 대해 각 변을 한 변으로 하는 정삼

각형을 그리고, 그 3개 각각의 정삼각형에 외접하는 원을 그렸을 때, 이 3개의 원의 중심을 이어서 생기는 삼각형은 정삼각형이 된다.'라는 나폴레옹의 정리를 남긴 것이 그 예라고 할 수 있다. 나폴레옹은 좋아하는 수학을 통해 자신의 삶을 개척해 나간 것이 조국 프랑스를 강대국으로 이끄는 데 나름대로 역할을 했다는 것을 알았던 것이다. 그래서 나폴레옹은 수학의 발전이 나라의 발전과 관련이 있다고 생각하지 않았을까 싶다.

무한의 크기를 재는 방법이 집합이라고?

무한이라는 말은 뭔가 낭만적인 느낌을 주기도 하고, 난감한 느낌을 주기도 하는 말인 것 같다. 그런가 하면 로봇 게임에 참가한 슈퍼 로봇의 공격 기술 무한권에서 느껴지듯이 뭔가 강력한 힘을 나타내는 듯한 인상을 주기도 한다.

수학에서 무한은 고대 그리스 수학에서부터 근대 수학에 이르기까지 가장 다루기 힘든 수학적 개념이었다. 그러던 것이 19세기에 들어서 한 수학자에 의해 처음으로 엄밀한 수학적 체계를 갖추게 되었다. 그는 러시아 태생의 독일 수학자 칸토어(1845~1918)였다.

그가 무한의 개념을 체계화하는 데 사용한 것은 집합론이었는데, 현재 우리가 집합을 수학에서 제일 쉬운 것으로 여기곤 한다는 것을 돌이켜볼 때 놀라지 않을 수 없다. 칸토어는 '집합은 기준이 확정되어 있고 서로 명확히 구별되는 모임을 말한다.'고 정의한 뒤, 각 집합의 원소들을 일대일로 짝지어 대응시킬 수 있는지를 통해 각 집합 간의 크기를 비교할 수 있다고 했다. 즉, 두 집합을 일대일로 대응시킬 수 있으면 두 집합의 원소 수는 같다는 말이다. 또한 한 집합이 다른 집합보다 크다는 개념은 '집합A는 집합B의 부분 집합과 일대일 대응시킬 수 있지만 그 역은 가능하지 않을 때 집합B는 집합A보다 크다고 한다.'로 정의된다.

이런 집합의 정의를 통해 칸토어는 무한 집합을 비교해 보았는데, 겉으로 보기에는 훨씬 작아 보이는 무한 집합도 그보다 큰 수를 원소로 갖는 무한 집합과 일대일 대응이 가능한 경우가 있다는 것을 밝혀냈다. 놀라운 것은 실수와 유리수 집합을 자연수 집합과 대응시켜 볼 때 발생했다. 실수와는 대응 관계가 성립하지 않고, 유리수와는 성립한다는 것을 밝혀냈던 것이다. 이는 오랜 수학적 통념인 '전체가 부분보다 크다.'란 개념을 뒤엎는 놀라운 생각이었다. 이런 공로를 인정해 칸토어를 무한 이론의 창시자라고 부른다.

잉카의 숫자는 암호였다?

1983년 페루 쿠스코 시 남쪽에 있는 공중 도시 마추픽추가 유네스코 세계 문화유산으로 지정되었다. 마추픽추는 15~16세기 남아메리카에 번성했던 거대 문명인 잉카의 유적으로 사람들에게 아직까지도 수수께끼가 많고 불가사의한 곳으로 생각된다.

마추픽추와 같은 유적들 외에도 잉카 문명의 상당 부분은 여전히 수수께끼로 남아 있다. 수학과 관련된 부분도 마찬가지다. 잉카 문명에서 사용된 퀴푸는 수많은 암호 해독가들의 노력에도 불구하고 아직까지 대부분 해독되지 않고 있다고 한다.

  퀴푸는 일종의 문자 체계로 잉카인들은 이를 사용해 인구 및 곡물은 물론 물건들의 종류를 분류하고 그 수량을 표시했다. 그러니까 잉카인들은 숫자도 퀴푸로 썼다는 얘기가 된다. 퀴푸는 겉보기에는 중심이 되는 굵은 끈에 여러 줄이 묶여 있는 모양이다. 그런 점에서 상당히 독특한 문자라는 것을 한눈에 알 수 있다. 퀴푸는 양털이나 솜처럼 잉카 사람

들이 일상에서 쉽게 구할 수 있는 재질을 이용해 만들었는데, 중심이 되는 굵은 끈에다 펜던트 줄이라고 하는 여러 가닥의 끈을 매달아 만들었다. 필요에 따라 펜던트 줄에 보조 줄을 매달기도 했다. 연구된 바로는, 숫자는 끈으로 만든 매듭의 위치와 매듭을 만드는 크기의 차이로 표시했다고 한다. 예를 들어 끈의 윗부분에 3개의 매듭을 만들고, 그 아래에 5개의 매듭을 만들면 35를 의미한다.

퀴푸로 숫자를 표시하는 데에는 여러 가지 색깔과 명암의 차이가 이용되었다고 한다. 끈을 어떤 색으로 염색하는가와 펜던트 줄의 위치를 어디에 둘 것인가와 같은 것은 분류하고자 하는 대상에 따라 달랐던 것으로 보인다. 이러한 복잡함 때문에 퀴푸는 아직까지 대부분 해독되지 않고 있는 것이다. 그러나 이렇게 해독이 어려워 불편할 것 같아 보이는 퀴푸는 잉카 세계에서는 매우 편리한 것으로 생각되었다고 한다. 왜냐하면 퀴푸는 가벼워 휴대하기 편했고, 나라에 필요한 정보를 쉽게 만들어 필요한 장소로 보낼 수 있었기 때문이다. 게다가 그들은 퀴푸를 만든 장본인인 만큼 해독하는 데 어려움도 없었을 것이다.

브라만 신이 예언한 지구 멸망의 날은?

한때 노스트라다무스의 종말론이 사회적 이슈가 된 적이 있었다. 그런데 예로부터 동서양을 막론하고 종말론은 인류의 역사와 함께해 왔다. 그리고 인도에서도 지구 종말에 관한 예언이 전한다.

옛날, 인도 갠지스 강 기슭에 있는 브라만교 대사원에는 큰 원탑이 있었다. 그리고 원탑 아래에는 세 개의 바늘이 있었는데, 그중 하나의 바늘에는 각기 다른 크기의 원판 64개가 큰 것부터 차곡차곡 끼워져 있었다. 그러던 어느 날, 브라만의 신이 스님들을 원탑 앞에 모아 놓고 다음과 같이 말했다.

"그대들은 이제부터 한 개의 바늘에 끼워진 원판들을 다른 바늘로 옮겨라. 단, 원판은 1개씩만 옮겨야 하고 큰 것을 작은 것 위에 얹어서도 안 된다. 만약 내 말을 어길 시에는 큰 재앙이 내릴 것이지만, 내 말을 따른다면 원판을 모두 옮길 때까지 이 세상은 평안할지어다."

고작 64개의 원판을 다른 바늘 위에 옮길 시간밖에 남지 않았다고 생각할지 모르지만, 따지고 보면 그렇지 않다.

만약 바늘 위의 원판이 3개라고 가정하면, 먼저 가장 작은 원판을 다른 바늘 위에 옮기고 중간 크기의 원판을 또 다른 바늘 위에 옮겨야 한다. 그리고 큰 원판을 옮길 자리를 비우기 위해 작은 원판을 중간 크기의 원판 위에 옮겨야 한다. 이렇게 되면 모두 3번의 움직임이 소요된다. 그리고 다시 큰 원판을 비어 있는 바늘 위에 1번 옮기고 나서, 처음에 했던 방법대로 중간 크기와 작은 크기의 원판을 큰 원판 위에 옮겨야 하는데 이 역시도 3번의 움직임이 소요된다. 따라서 원판 3개를 옮기기 위해서는 3+1+3, 모두 7번의 움직임이 필요하다. 그런데 원판이 4개라고 해도 마찬가지다. 먼저 큰 원판을 제외한 3개의 원판들을 옮긴 뒤 큰 원판을 옮기고 다시 원판 3개를 옮겨야 하는데, 여기서 이미 구한 원판이 3개일 경우 필요한 움직임 횟수를 대입해 주면 되는 것이다.

x_1(1개의 원판을 옮길 때 옮겨야 하는 원판의 수) $= 1$

x_2(2개의 원판을 옮길 때 옮겨야 하는 원판의 수) $=$
$x_1 + 1 + x_1 = 2x_1 + 1 = 2(x_1+1) - 1 = 2^2 - 1$

x_3(3개의 원판을 옮길 때 옮겨야 하는 원판의 수) $=$
$x_2 + 1 + x_2 = 2x_2 + 1 = 2(x_2+1) - 1 = 2^3 - 1$

그리고 이런 규칙성은 원판이 64개일 때도 마찬가지다.

$$x_{64}(64개의 \ 원판을 \ 옮길 \ 때 \ 옮겨야 \ 하는 \ 원판의 \ 수) = 2^{64}-1$$

따라서 64개의 원판을 다른 바늘 위에 옮기려면 모두 18446744073709551615번 원판을 움직여야 한다. 그리고 만약 1개의 원판을 움직이는 데 1초가 걸린다면 64개의 원판을 모두 옮기기 위해선 약 5,849억 년이 걸린다. 고로 지구가 멸망하려면 아직 멀고도 멀었다.

상금이 걸려 있던 수학 공식이 있었다고?

최근 한 퀴즈 프로에 출연한 유명한 개그우먼이 고액의 상금을 타게 되어 화제가 된 적이 있었다. 100명의 참가자와 퀴즈 대결을 벌여 최종적으로 살아남으면 문제를 풀 때마다 누적된 금액을 상금으로 탈 수 있는 퀴즈 프로였다.

수학에서도 여러 사람이 상금이 걸린 문제를 풀기 위해 노력했던 일이 있었다. 퀴즈 프로 같은 극적인 면은 없지만, 수학의 역사에서는 획기적인 사건으로 얘기된다. 페르마의

마지막 정리에 얽힌 이야기가 그것이다. 페르마는 17세기 프랑스에서 활동한 법률가였는데 틈틈이 수학을 공부하였던 걸로 알려졌다. 그런 그가 수학과 관련되어 유명한 인물이 된 것은 그가 즐겨 공부하던 디오판토스의 『산술』 제2권 8번 문제 옆의 여백에 남겨 놓은 메모 때문이다. 그 메모는 수학 명제였는데 $x^n+y^n=z^n$에서 n이 3 이상일 때 자연수의 해를 갖지 않는다는 내용이었다. 페르마는 이것이 증명 가능하다고 언급해 두었지만 실제 증명 과정을 남겨 두지는 않았다. 이것을 일컬어 '페르마의 정리'라고 한다. 1630년경에 남긴 것으로 추정되는 이 명제를 증명하기 위해 수많은 천재 수학자들이 300년 가까이 노력했지만 허사였다.

그 와중에 페르마의 정리를 증명해 내도록 부추기는 새로운 계기가 마련되었다. 1908년 독일의 수학자 볼프스켈이 최초로 완벽한 증명을 하는 사람에게 10만 마르크의 상금을 주겠다며 상을 제정했던 것이다. 제한 기간은 2007년 9월 13일까지였다. 이에 용기를 얻은 수학자들은 증명에 매달렸다. 결코 증명되지 않을 것 같았던 페르마의 정리는 1994년 영국의 수학자 앤드류 와일즈에 의해 해결되었다. 와일즈는 1997년 볼프스켈 상의 최초이자 마지막 수상자가 되었다.

파리 과학아카데미에서 논문의 분량을 제한한 이유는?

19세기에 파리 과학아카데미에서는 수학 논문의 분량을 4장으로 제한한다는 원칙을 만들었다. 이는 지금까지도 지켜지고 있다고 한다.

이런 계기를 마련한 사람은 수학자 코시였다. 코시는 생전에 무려 789편의 논문을 남길 정도로 왕성한 연구 활동을 했다. 그가 수학 연구에 한창 몰두할 즈음에는 거의 일주일에 한 편 정도의 논문을 제출하였다니 정말 믿기지 않는다. 더구나 그 논문이 매번 30여 페이지가 넘었다고 한다. 그 때문인지 수학자들 중에는 코시의 연구가 부실하고 엄밀하지 못하다는 비난을 하는 사람도 있었다고 한다.

그러나 코시는 매우 치밀하고 엄격한 수학 연구자였다. 미적분학에서 중요하게 쓰이는 수렴의 개념을 발전시켰고, 적분에 대한 존재 증명, 미분 방정식의 풀이에 관한 최초의 존재 증명과 같은 현대 미적분학의 발전에 크게 기여했다.

이러한 코시의 왕성한 연구는 시간이 흐를수록 파리 과학 아카데미의 골칫거리로 변해 갔다. 왜냐하면 과학아카데미 학회지를 인쇄하여 책으로 만드는 데 드는 금액은 정해져 있는데, 코시의 논문 때문에 인쇄비를 감당할 수 없을 정도가 되었던 것이다. 그래서 과학아카데미는 코시의 논문 매수를 제한하기 위해 이후 제출하는 모든 수학 논문의 페이지를 4페이지로 제한했다. 코시 때문에 이런 결정을 할 수밖에 없었지만, 그렇다고 열심히 연구하는 그에게만 제한을 가할 수는 없는 노릇이었던 것이다.

과거에도 수학올림피아드가 있었을까?

1959년부터 개최된 수학올림피아드는 매년 수학 영재들이 각자의 실력을 겨루는 대회이다. 오래전에도 수학자들 사이에 이와 비슷한 수학 시합이 열렸다고 한다.

가장 유명한 일화는 타르탈리아의 이야기다. 여러분도 잘 알다시피 1차 방정식과 2차 방정식은 해를 구하는 일반적인 공식이 있다. 1차 방정식은 미지수는 왼쪽으로 상수항은 오른쪽으로 이항해 정리하면서 풀면 방정식의 해를 구할 수 있다. 또한 2차 방정식 $x^2+bx=c$의 해는 $x^2=\dfrac{-b+\sqrt{b^2+4c}}{2}$를 계산하면 얻을 수 있다. 그러나 일반적으로 3차 이상의 방정식은 이와 같이 쉽게 답을 구할 수 있는 공식이 없다고 알려졌다.

오늘날에도 이런 사정이니 중세 시대에도 다를 것이 없었다. 3차 방정식의 공식은 물론 방정식 그 자체를 푸는 방법이 있는지도 의심이 되었다. 그런데 타르탈리아가 2차항이 있는 $x^3+ax^2=b$ 형태의 3차 방정식 풀이법을 발견했다고 주장하고 나왔다. 2차항이 없는 3차 방정식의 풀이법에 대한 얘기도 알려져 있지 않은 상황에서 그것보다 더 어려운 2차항이 있는 3차 방정식의 풀이법이 있다고 주장하고 나온 것이다.

이에 많은 수학자들은 타르탈리아를 의심했고, 공개적인 수학 시합을 요구하였다. 그리하여 수학사에 남는 유명한 수학 시합이 열리게 되었다. 이탈리아 볼로냐의 피오르가 타르탈리아에게 수학 경기를 요청한 것이었다. 피오르는 $x^3+ax=b$ 형태의 2차항이 없는 3차 방정식의 해를 구하는 방법을 알고 있었다. 사실 최초로 3차 방정식의 해법을 발견한 것은 그의 스승인 페로였다. 물론 이는 아직 수학계에 발표한 것은 아니었다. 페로는 제자인 피오르에게만 그 비법을 알려줬던 것이다. 그런 까닭에 피오르는 타르탈리아의 주장을 허풍이라고 생각했고, 이를 증명하기 위해 수학 시합을 신청했다.

후에 알려진 바로는 타르탈리아도 페로가 2차항이 없는 3차 방정식의 해를 구했다는 사실을 알고 있었다고 한다. 타르탈리아는 피오르와 시합을 치르기 얼마 전까지만 해도 그 해법을 알지 못했다. 그러나 타르탈리아는 자신의 해법을 알리기 위해 이 시합에서 꼭 이기고 싶어했고, 그래서 2차항이 없는 3차 방정식의 풀이법을 연구했다. 다행히 시합 전에 이를 알아낸 타르탈리아는 수학 경기에서 피오르를 멋지게 이겼다. 피오르는 2차항이 있는 3차 방정식을 하나도 풀지 못했기 때문이다. 두 가지 형태의 3차 방정식을 모두 풀이한 타르탈리아의 승리였다.

석굴암의 부처님이 평온해 보이는 이유는?

대개 석굴은 암벽을 뚫어 내부 공간을 만드는 것이 보통이다. 그런데 우리나라의 석굴암은 크고 작은 화강암을 쌓아 인공적으로 석굴을 조립하는 방식으로 만들어졌다.

석굴암은 네모꼴의 전실과 둥근 후실로 이루어져 있는데, 특히 돔형으로 돌을 쌓아 올린 후실은 그 옛날 기술로 만들어진 것이라고는 믿기 힘들 정도로 발달된 기술을 보여 준다. 하지만 뭐니 뭐니 해도 석굴암의 극치는 후실에 모셔진 본존 불상이다.

기원전 25년, 헬레니즘의 사상가 비트루비우스는 그가 쓴 책인 『건축서』를 통해 건물 각 부분의 치수가 균제 비례를 이룰 때야말로 진정한 건축미가 발휘될 수 있다고 말했다. 균제 비례란 인체에서 얻어진 비율을 말한다. 예를 들어 가장 이상적인 인간의 신체 비율은 턱에서 이마 끝까지가 키의 10분의 1이 되어야 하고, 손목에서 중지 아랫선까지의 손바닥은 팔 길이의 10분의 1이 되어야 한다는 것이다. 즉, 비트루비우스는 바로 이런 비율이 건축에서도 적용되어야 한다고 주장한 것이다.

그런데 석굴암 역시 비트루비우스가 주장한 균제 비율과 그대로 일치한다. 석굴암 본존 불상의 얼굴 폭은 당시 사용

된 단위인 자의 기준으로 2.2자다. 그리고 가슴의 폭은 4.4자, 어깨 폭은 6.6자, 양 무릎의 너비는 8.8자다. 따라서 얼굴 : 가슴 : 어깨 : 무릎의 비율은 1:2:3:4가 되고, 몸에 대한 얼굴의 크기는 정확히 10분의 1이 된다. 물론 석굴암을 만들었던 신라인들이 비트루비우스를 알았을 리 없다. 다만 당시 신라인들 역시 균제 비례의 미를 알고 있었고 이를 활용한 것뿐이다.

한편, 첨성대의 각 부분에서도 일정한 비를 찾을 수 있는

데, 천장석의 대각선 길이 : 기단석의 대각선 길이 : 첨성대의 높이의 비가 3:4:5라고 한다. 이는 피타고라스의 정리에 나오는 $3^2+4^2=5^2$의 비율과 정확히 일치하는 것이다.

CHAPTER 3
유익하고 놀라운 쇼킹 수학사건

우리 선조들도 수학을 배웠을까?

판타지 소설을 즐겨 보는 사람이라면 서양 문화에 대한 막연한 환상을 가지고 있을 것이다. 이에 반해 동양의 문화에 대해서는 조금 깔보는 경향이 없지 않다. 예를 들어 서양의 기사들이 들고 다니던 칼은 크고 강해 보이지만, 동양 무사들의 칼은 가늘고 약해 보인다고 말하곤 한다. 하지만 이것은 편견에 불과하다. 산업혁명이 일어나기 전까지 동양의 문화는 오히려 서양의 문화보다 훨씬 더 뛰어났으며, 서양 기사들의 칼이 거대한 이유는 그들의 제철 기술이 부족했기 때문이다.

동양 문화에 대한 편견은 수학 분야에서도 그대로 나타난다. 우리는 흔히 동양 사람들은 유교 경전이나 읽고 수학에 대해서는 전혀 무지했다고 생각한다. 그러나 서양에 수학이 있었다면 동양에는 산학이 있었다.

산학의 수준은 매우 높았다. 서양에서 16세기나 되어 나타난 양수와 음수의 개념도 동양에서는 이미 기원전에 나타났다. 또한 19세기 천재 수학자 가우스가 만든 소거법 역시 동양에서는 진작부터 사용되던 것이었다. 이 밖에도 2세기 중국에서 저술된 천문 수학서 『주비산경』이라는 책에는 피타고라스의 정리가 고스란히 담겨 있다고 한다. 방정식, 기

하학, 분모와 같은 용어들도 고대 중국에서 이미 사용되던 용어들이었다. 더군다나 아라비아 숫자를 만든 인도 역시 동양에 속한다.

우리 선조들 또한 수학 공부를 게을리하지 않았다. 다보탑이나 석굴암이 만들어진 것도 수학의 원리를 이용했기 때문이었고, 고려 시대 국립 대학인 국자감 안에 설치된 경사 육학에는 산학 과목이 마련되어 있었다. 그리고 조선 시대에도 호조에서 산학을 교육하여 산학 기술관을 양성하기도 했다.

'구구단'이라고 부른 이유는?

웹서핑을 하다 보면 구구단을 잘 외우는 법 등 구구단을 공부하는 데 겪는 어려움과 관련된 질문들을 쉽게 찾아볼 수 있다. 초등학교 2학년 과정에서 배우는 것이라 구구단을 곱셈의 기본처럼 생각하고 쉬운 것으로 여기는 것이 일반적이지만, 인류의 오랜 역사를 돌아보면 우리가 구구단을 어릴 때 배우게 된 것은 비교적 최근의 일이다.

과거에 구구단은 어른들, 그중에서도 일부 특권 계층만 배우는 것이었다. 이는 구구단이라고 불리게 된 이유와도 연관이 있다. 알다시피 우리는 구구단에서 2단부터 배우고 있다. 그런데 우리는 이를 이일단과 같은 다른 이름으로 부르지 않는다. 왜 굳이 구구단이라고 부르게 되었을까?

구구단은 고대부터 사용된 것으로 알려졌다. 동양에서는 중국 한나라 시기에 이미 구구단이 존재했다. 돈황에서 출토된 『구장산술』에서 그 모습을 찾아볼 수 있다. 서양에서는 그리스 시기에 피타고라스 표라는 방식으로 구구단이 정리되어 있었다. 하지만 이를 구구법이나 구구단이라고 하지는 않았다.

전하는 바로는 13세기 원나라 시기 이후에 구구단이라고 불리게 되었다고 한다. 당시에는 귀족에 속하는 일부 사람들만이 구구단을 알고 있었다. 이들은 구구단이 일반 평민들에게 알려지는 것을 꺼렸다. 오늘날 구구단을 매우 편리한 셈법이라고 생각하는 사람이 얼마나 있을지 모르겠지만, 당시 귀족들은 자신들만이 누리는 편리함이라고 생각했다. 물론 평민들과의 관계에서 실질적으로 이득을 보는 면도 있었을 것이다. 그래서 귀족들은 평민들이 보기에 구구단이 어렵게 느껴지도록 일부러 9단의 마지막부터 외웠던 것이다. 이것이 발단이 되어 구구단이라 불리게 되었다.

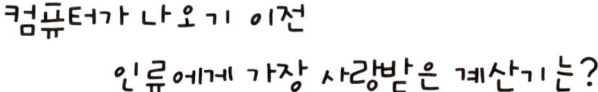
컴퓨터가 나오기 이전 인류에게 가장 사랑받은 계산기는?

믿을지 모르지만 지금으로부터 약 20년 전에는 우리나라 어린이들 중 상당수가 주산 학원에 다니곤 했다. 선생님이 불러 주는 숫자를 입으로는 따라 외우고, 손으로는 주판알을 튕기면서 덧셈과 뺄셈을 하였다. 당시에는 주판으로 계산한다는 의미의 주산을 잘하면 은행에 취직도 잘되고 수학하는 머리도 좋아진다고 하여 너도나도 하였던 것이다.

사실 주산을 할 때 사용하는 주판은 오늘날까지 전해 내려오는 가장 오래된 계산기 중의 하나로 오랜 세월 동안 인류가 애용하던 것이었다. 어떤 면에서 계산기 분야의 왕 같은 것이었다. 중국을 비롯한 아시아 여러 국가에서는 지금도 계속 주판을 사용하고 있다고 하니, 컴퓨터가 급속하게 발전하지 않았다면 주판은 아마 계산기의 왕좌를 내주지 않았을지도 모른다.

주판에는 다양한 종류가 있다. 아랍식 주판은 세로줄에 10개씩 동그란 구슬을 끼워 만들었는데, 가운데 가름대가 없었다. 중국식 주판은 가름대를 기준으로 위에는 2개, 아래에는 5개의 알이 있었다. 오늘날 우리가 주위에서 볼 수

있는 주판은 2차 세계 대전 후 일본에서 개량된 것이다. 물론 주판이 동양에서만 애용되었던 것은 아니다. 고대 그리스나 로마에서도 주판을 사용했다는 기록이 남아 있다.

이렇듯 주판이 오랜 세월 계산기로 사랑받은 이유는 덧셈과 뺄셈뿐만 아니라 복잡한 계산도 가능한 데다가 무게가 가벼워 휴대하기도 편리했기 때문이다.

세금 때문에 계산기가 만들어졌다고?

일을 하면서 계산을 가장 많이 하는 직업은 무엇일까? 물론 수학과 관련된 직업을 가진 사람이겠지만, 덧셈과 뺄셈 같은 기본적인 계산법을 가장 많이 활용하는 직업은 아마 예나 지금이나 세금과 관련된 일을 하는 사람들이 아닐까 싶다.

인류 역사상 최초로 만들어진 기계식 수동 계산기도 세금 계산과 관련이 있다. 잘 알고 있다시피 계산기를 처음 발명한 사람은 확률을 수학에 도입한 수학자 파스칼이다. 그가 18세가 되던 해의 일이다. 파스칼이 계산기를 만든 이유는 세무 공무원으로 일하는 아버지가 계산을 편하게 할 수 있

도록 돕기 위해서였다. 특히 큰 단위의 수를 더하고 빼는 것을 쉽게 하는 데 초점을 맞췄다. 덕분에 파스칼의 아버지는 세금과 관련된 많은 계산 업무를 그전보다 편하게 처리할 수 있었다고 한다.

파스칼리느라고도 불리는 이 계산기의 원리는 매우 간단하다. 다이얼을 돌려 숫자를 입력하는 방식이었다. 구조적으로는 어떤 톱니가 한 바퀴 회전하면 이보다 수학적으로 한 단위 높은 수에 해당하는 톱니가 $\frac{1}{10}$ 회전하도록 만든 것이다. 이런 구조적 특성 때문에 덧셈과 뺄셈은 가능했으나 그 외의 계산은 덧셈과 뺄셈으로 바꿔서 해야 했다. 그럼에도 파스칼리느는 이후에 나오는 계산기의 기초가 되었다는 점에서 큰 의의가 있다.

세계에서 가장 오래된 수학책은 수학 공식집이라고?

서점에 나가 보면 수학 문제를 푸는 데 도움을 주는 공식집을 볼 수 있다. 우리는 이를 일종의 학습서라고 생각하는데, 어떤 면에서 실용 서적에 속하는 것일 수도 있다. 왜냐하면 꼭 필요한 수학 공식을 들고 다니면서 일해야 하는 사람에게는 일을 위한 메뉴얼 같은 것이 되기 때문이다. 물론 오늘날에는 컴퓨터나 계산기 같은 보조 수단이 놀라울 정도로 발달해 그 필요가 적지만, 고대에는 그렇지 않았을 것이다. 그 좋은 예가 린드 파피루스다.

린드 파피루스는 1858년 스코틀랜드의 골동품 수집가 헨리 린드가 수집한 자료로 세계에서 가장 오래된 수학책이다. 책을 사들인 린드의 이름을 따서 린드 파피루스라고 부르기도 하지만, 이것을 필사한 고대 이집트의 서기 아메스의 이름을 따서 아메스 파피루스라고도 한다. 제작 연도는 기원전 1650년경으로 추정되는데 지금으로부터 약 4,000년 전에 제작된 책이라고 할 수 있다. 크기는 가로가 약 5미터, 세로가 약 30센티미터이다. 현재 이 책은 린드의 유언에 따라 대영박물관에 기증되어 그곳에서 소장하고 있다.

눈길을 끄는 것은 파피루스에 상형문자로 기록된 85개의 문제다. 그것들 가운데 일종의 공식으로 보이는 것들이 상당수 있다. 그렇게 보는 까닭은 기하학과 관련된 문제에서부터 셈법에 관한 것까지 여러 종류의 수학 문제가 기록되어 있는데, 대개 빠른 계산을 통해 답을 얻어낼 수 있도록 문제와 답 형식으로 되어 있기 때문이다. 특히 셈법에 대한 것 중 분수와 관련된 부분을 살펴보면 린드 파피루스가 실용적인 목적으로 만들어진 것임을 알 수 있다. 이집트인들은 분수에서 분자가 1이 아닌 수는 다루지 않았는데, 린드 파피루스에는 분자가 1이 아닌 분수를 분자가 1인 분수로 만드는 법이 적혀 있다. 이것으로 짐작해 보면, 린드 파피루스는 나일 강의 범람이 잦았던 이집트에서 토지 측량을 할 때 사용하기 편리하도록 만든 수학 공식집이거나 수학 지식이 정리된 핸드북 같은 것이 아니었을까 생각된다.

하루아침에 열흘이 사라진 사건이 있었다고?

어느 날, 하루의 일상을 마치고 잠들었는데 다음 날 아침 일어나 보니 갑자기 열흘이 감쪽같이 사라졌다면 기분이 어떨까? 기쁠 수도 있고 왠지 모르게 슬플 수도 있겠지만 아마 황당한 느낌이 가장 클 것이다. 그런데 역사를 돌아보면 실제로 달력에서 열흘이 사라진 사건이 있었다. 이는 우리가 현재 사용하는 그레고리력과 관련이 있다.

유럽에서는 기원전 46년에 로마의 카이사르가 율리우스력을 시행한 후로 율리우스력을 달력으로 사용하고 있었다. 율리우스력은 일 년을 정확히 365와 $\frac{1}{4}$일이라고 보고, 그에 따라 일 년의 길이를 365일로 정하고 4년에 한 번 하루를 더해 윤년을 만들었다.

그런데 730년, 율리우스력에 문제가 있다는 것이 밝혀졌다. 과학자들이 연구해 본 결과 일 년의 길이가 율리우스력의 계산보다 11분이 더 짧았던 것이다. 전체 일 년의 시간을 감안하면 큰 시간적 오차라고 볼 수는 없지만, 매년 모자라는 11분의 오차가 누적되면 128년마다 하루가 모자라는 현상이 생기게 될 정도로 심각한 문제였다.

1582년에 율리우스력은 무려 10일이나 차이가 나게 되었다. 때문에 달력과 계절이 맞지 않다는 것이 크게 느껴졌다. 이를 해결하기 위해 교황 그레고리 13세는 그해에 독일의 수학자인 클라비우스의 도움을 받아 율리우스력을 고친 새로운 역법을 만들기에 이르렀다. 이렇게 해서 새롭게 시행된 역법이 그레고리력이다.

　그레고리력은 계절과 일치하도록 유지하기 위해 4로 나누어지는 해를 윤년으로 하고, 매 세기의 첫해는 400으로 나누어지는 경우에만 윤년으로 정했다. 물론 이런 법칙은 수학적인 지식을 바탕으로 이뤄진 것이었다.

　그런데 그레고리 13세는 그레고리력을 시행하면서 1582년에서 열흘을 줄이도록 명령했다. 이는 그동안 발생한 날짜의 차이를 새 역법을 시행하면서 메우기 위해 선택한 방법이었다. 그 결과, 1582년 10월 5일의 다음 날이 1582년 10월 15일이 되었다. 하루아침에 사실상 10일이 사라진 것이다.

명왕성의 태양계 퇴출과 수학이 관련 있다?

2006년 8월 천문학 분야에서는 역사적인 사건이 일어났다. 태양계 행성으로 분류되던 명왕성이 태양계에서 퇴출된 것이다. 명왕성의 태양계 퇴출은 꽤 충격적인 사건이라서 많은 사람들에게 화제가 되었다.

명왕성이 퇴출된 데에는 행성으로서 크기와 질량의 차이, 태양계 행성이라 부르기 힘든 재질 등 여러 이유와 함께 공전 궤도 문제가 있었다. 태양계의 다른 행성들은 모두 태양을 주위로 같은 황도를 타원으로 도는 궤도인데, 명왕성은 그렇지 않았기 때문이다. 명왕성은 다른 태양계 행성보다 약 15도 정도 기울어진 데다가 좀 더 찌그러진 타원을 그리는 궤도를 가지고 있었다. 때문에 태양에 가깝게 다가갈 때에는 해왕성의 공전 궤도 안쪽으로 파고 들어오기까지 했

3장 · 유익하고 놀라운 쇼킹 수학사건

다. 그런데 이런 사실을 어떻게 알아냈을까?

　그것은 많은 과학자들의 연구를 통한 수학적인 계산에 힘입은 바가 크다. 사실 태양계 행성의 공전 궤도를 알아낸 것은 역사적으로 그리 오래된 일이 아니다. 1543년 코페르니쿠스의 지동설이 나온 후로 많은 과학자들은 행성들의 공전 궤도가 원을 그린다고 생각했다. 그러나 요하네스 케플러(1571-1630)는 그럴 경우에 행성들의 공전 궤도에 오차가 있다는 것을 계산해 냈다. 그 이후 수년에 걸친 노력으로 행성들의 궤도가 타원임을 알아냈다. 이는 수학적 작도와 계산법의 힘으로 얻어낸 결과였다.

　처음에 명왕성이 관측되었을 때는 명왕성도 앞서 구해진 태양계 행성들의 타원 궤도를 따라 공전하는 것으로 파악하였다. 그러나 연구 자료들의 축적과 망원경을 비롯한 천체 관측 기술의 발달, 사람의 수학적 계산을 도와주는 컴퓨터와 소프트웨어의 발달이 맞물려 천문학이 계속 발달해 나가자 이것이 사실이 아니라는 것이 밝혀진 것이다. 자세한 계산법은 복잡해서 소개하지 못하지만, 이런 관측이 가능했던 것이 모두 수학의 힘이란 것은 분명하다. 실제로 현재 나사와 같은 세계 유수의 우주 과학 연구소에서는 많은 수학자들이 연구에 몰두하고 있다.

지도 칠하기 문제를 증명한 것은 사람이 아니다?

지도에서 인접한 나라를 다른 색으로 칠해서 구별하려면 최소한 몇 가지 색깔이 필요할까? 수학과는 별 상관없어 보이는 이 질문이 위상수학을 연구하는 수학자들에게는 오랜 고민거리였다고 한다.

이 문제의 핵심은 서로 이웃하고 있는 어떤 두 나라도 동일한 색으로 칠해져서는 안 된다는 것이었다. 많은 수학자들이 답을 얻기 위해 평면과 구면에서 서로 어떤 방식으로 국경이 맞닿아 있는지 등을 살펴본 결과 4가지 색이면 충분하다는 것에 확신을 가지게 되었다. 그래서 이 문제를 4색 문제라고 부르게 되었다.

처음 4색 문제가 제기된 것은 1853년이었다. 수학자 드모르간의 제자 프랜시스 구드리가 이를 제기했는데 증명까지는 하지 못했다. 이에 여러 수학자들이 이를 증명해 보기 위해 매달렸지만, 그들이 내놓은 어떠한 증명도 이를 완전하게 증명해 보이지 못했다.

4색 문제의 증명은 결국 사람의 통찰력이 아니라 컴퓨터의 빠른 계산력에 의해 이뤄졌다. 1976년 토론토에서 열린 수학회의에서 일리노이 대학의 아펠과 하켄이 컴퓨터를 사용해 증명에 성공한 것이다. 이들이 행한 증명은 컴퓨터를 1

천 시간 이상 가동시켜 10만 가지가 넘는 사례들을 확인하는 작업을 바탕으로 이뤄졌다. 그것은 한 사람이 일평생을 투자해 연구해야 할 정도의 방대한 양이었다.

물론 이들이 해낸 증명에 아직까지 의혹을 제기하는 사람도 있다. 사람의 힘에 의해 이뤄진 작업이 아니란 점도 의혹이 끊이지 않는 이유다. 하지만 컴퓨터를 이용한 최초의 수학 증명이었다는 점에서 4색 문제 증명은 큰 의의가 있다.

복잡한 해안선의 길이를 재는 방법은?

우리나라의 서해안이나 남해안에 가 보면 해안선이 매우 복잡한 모양을 띠고 있다는 걸 한눈에 알 수 있다. 뿐만 아니라 제법 평범해 보이는 동해안도 가까이에서 보면 볼수록 복잡한 모양을 하고 있다는 것도 알 수 있다. 그런데 이렇게 삐쭉삐쭉해 보이고 복잡한 해안선의 길이는 어떻게 구할 수 있을까? 아니, 구할 수 있기나 할까?

수학 분야에서 이 질문에 대한 답을 보여 줄 수 있는 것은 프랙탈 이론이다. 프랙탈 이론을 처음 연구한 사람은 프랑스의 수학자 만델브로이다. 그는 복잡한 모양을 하고 있는 영국의 리아스식 해안을 보면서 그 길이가 얼마나 될까 관심을 가졌다. 리아스식 해안은 움푹 들어간 해안선 안에 또 굴곡진 해안선이 이어지기 때문에 길이를 재는 눈금의 수치에 따라 해안선의 길이 값이 달라진다. 때문에 기존의 측량법으로는 해안선 길이의 근사치를 구하는 것조차 쉬운 일이 아니었다. 이를 해결해 보기 위해 만델브로가 도입한 것이 프랙탈이다. 참고로 프랙탈(fractal)은 라틴어 frangere(부서지다)에서 파생한 단어 fracture(분열)와 fraction(파편)에서 따와 만델브로가 만든 신조어이다.

프랙탈 중에서 해안선 길이 측정에 도움을 주는 것은 스웨덴의 수학자인 코흐가 만든 코흐 곡선이다. 이것을 만드

는 방법은 다음과 같다. 먼저 하나의 선분을 3등분하고 가운데 것을 밑변이 없는 정삼각형으로 만든다. 그런 다음 4개의 작은 선분에 각각 이 과정을 반복해 16개의 새로운 선분을 만들고, 다시 이 과정을 계속하면 코흐 곡선을 얻을 수 있다. 이것을 이용하면 어느 정도 해안선 길이의 근사치를 계산할 수 있다고 한다. 최신의 수학 이론으로도 해안선의 길이를 완벽하게 알아낼 수는 없다. 파도가 치는 해안선에서 웅장한 자연을 바라보면서 사람이 경외감을 느끼는 것은 아직 자연 속에 인간이 계산해 낼 수 없는 무한한 잠재력이 남아 있어서가 아닐까 생각해 본다.

해바라기 꽃에 황금 비율의 비밀이 있다?

우리는 흔히 경치가 좋은 곳을 거닐 때, 혹은 들이나 숲에서 아름다운 꽃이나 나무들이 군락을 이루고 있는 장면을 볼 때 '자연의 조화'라는 말로 마음속에 일어나는 감동을 표현하곤 한다. 그런데 우리에게 감동을 불러일으키는 자연의 조화에도 어떤 수학적 법칙이 함께하고 있지는 않을까?

들판에 핀 예쁜 꽃들 중 아무것에나 관심을 기울이고 한

번 들여다보자. 꽃을 이루는 꽃잎의 수를 세어 보면 꽃잎이 3, 5, 8인 것들을 발견할 수 있다. 채송화, 동백, 코스모스 같은 꽃들이 그것이다. 해바라기의 경우 꽃씨 모양을 살펴보자. 해바라기에 씨가 박힌 모양을 보면 오른쪽으로 돌아가는 나선과 왼쪽으로 돌아가는 나선을 발견할 수 있다. 이 나선에 박혀 있는 씨들을 세어 보면 한쪽이 34이면 다른 한쪽은 55, 또는 한쪽이 55이면 다른 한쪽은 89인 것을 확인할 수 있다.

그냥 지나치면 아무 관계없어 보이는 이 숫자들은 피보나치 수열과 관련이 있다. 피보나치 수열이란 앞의 두 수를 더하는 과정을 반복해서 만들어 낸 수열로 1, 2, 3, 5, 8, 13, 21, 34, 55, 89와 같은 배열을 가진다. 이는 이탈리아의 수

학자 레오나르도 피보나치가 쓴 『계산판에 관한 책』에 소개된 문제에서 유래되어 만들어진 수열이다.

흥미로운 점은 피보나치 수열과 황금비와의 관계다. 피보나치 수열에서 서로 마주하는 수의 비율을 구해 보면 1에서 1.625 사이의 비율이 계산되어 나오는데, 황금 비율인 1.618을 중심으로 높아졌다 낮아졌다를 반복하는 것을 볼 수 있다. 또한 황금 비율이 나타나는 곳에서도 피보나치 수열이 나타난다고 한다. 이런 관계를 보면 우리가 조화롭고 아름답다고 느끼는 것에도 숫자들의 조합이 관여하고 있다는 것을 알 수 있다.

미국 사람들은 10만 원을 어떻게 읽을까?

가뜩이나 성질 급하기로 유명한 우리나라 사람들이 유럽에 가면 무척 답답해하는 것 중 하나가 가게에서 물건을 사고 거스름돈을 받는 일이란다. 가령 1만 원을 내고 7천 원짜리 물건을 산다면, 우리는 자연스럽게 1만 원에서 7천 원을 빼서 3천 원의 거스름돈을 계산해 낸다. 하지만 유럽 사람들은 그렇지 않다. 유럽 사람들은 1만 원에서 7천 원을 빼는 대신 3천 원을 더해 1만 원을 만들어 거스름돈을 계산한다. 즉, 우리는 뺄셈을 하지만 유럽 사람들은 덧셈을 한다는 것이다. 물론 간단한 계산이라면 어느 쪽을 따르더라도 문제가 없다. 하지만 복잡한 계산의 경우에는 아무래도 유럽의 방식이 조금은 더 시간이 걸릴 수밖에 없을 것이다.

이 밖에도 동양과 서양은 수를 세거나 사용하는 방식에서 약간의 차이점이 있다.

우리는 보통 분수를 읽을 때 분모를 먼저 읽고 그 다음에 분자를 읽는다. 가령 $\frac{1}{2}$이란 분수를 우리는 '2분의 1'이라고 읽는다. 그러나 서양에서는 반대이다. 서양에서는 분모보다 분자를 먼저 쓰고 읽는다.

또한 수를 읽고 쓸 때도 차이가 있다. 우리나라와 같이 한자 문화권에 속하는 나라에서는 만 단위까지는 각 단위마다 그 명칭이 존재하고, 그 다음부터는 네 자리마다 단위의 명칭이 등장한다. 가령 100은 백으로 10,000은 만으로 읽지만 100,000은 10만으로 읽는다. 그런데 영어에서는 다르다. 영어에서는 100(hundred)을 빼고는 세 자리 단위의 명칭이 등장한다. 1,000(thousand) 다음에 1,000,000(million)이 있고 그 다음에 1,000,000,000(billion)이 있는 식이다. 때문에 10,000,000을 우리는 천만으로 읽지만 영어에서는 10million으로 읽는다.

나와 주민등록번호가 똑같은 사람이 있을까?

이 세상에 태어나면 부모님은 우리에게 이름을 지어 주신다. 그리고 나라에서는 주민등록번호라는 것을 부여해 준다. 그런데 수많은 사람들 중에 주민등록번호가 같은 사람은 없을까?

주민등록번호는 여섯 자리 숫자 뒤에 일곱 자리 숫자가 연결되어 구성된다. 그리고 여기서 앞의 여섯 자리 숫자는 생년월일을 나타낸다. 가령 1995년 3월 20일에 태어났다면 950320이라는 주민등록번호 앞자리를 부여받게 된다.

뒤의 일곱 자리 숫자 역시 정해진 규칙에 따라 만들어진다. 먼저 뒷자리 맨 앞부분은 성별을 나타내는데, 남자에게는 1이 부여되고 여자에게는 2가 부여된다. 단, 2000년대에 태어난 사람부터는 남자에게는 3이, 여자에게는 4가 부여된다. 그리고 1800년대에 태어난 사람들에게는 각기 9와 0이 부여되었다.

성별을 나타내는 숫자 다음에 오는 네 개의 숫자는 출생 신고를 한 지역을 나타내는 지역 번호이다. 그리고 그다음 한 자리는 해당 지역에서 당일 출생 신고를 한 순서를 나타내고, 마지막 숫자는 검증 번호이다. 이 검증 번호는 특별히

세상에서 가장 쉬운 수학 지도

마련된 공식에다 앞서 정해진 12개의 숫자가 대입되어 정해진다.

　이와 같은 방식으로 만들어지는 주민등록번호는 중복이 될 가능성이 없다. 가령 같은 성별로 같은 날에 태어났더라도 같은 곳에서 출생 신고가 되지 않으면 주민등록번호는 달라진다. 설사 같은 생년월일에 같은 성별로 태어나 동일한 지역에서 출생 신고가 되었더라도 그 순번에 따라 다른 번호가 부여되기 때문에 주민등록번호는 달라질 수밖에 없는 것이다.

　그럼에도 불구하고 간혹 주민등록번호가 서로 같은 사람들이 나타나기도 한다. 이런 경우의 대부분은 컴퓨터가 아닌 사람이 직접 주민등록번호를 부여하던 시절에 이루어진 행정적 착오이다.

1	2	3	4	5	6	-	7	8	9	10	11	12	13
탄생년		탄생월		탄생일			성별	지역번호				순서	검증

세상에서 가장 쉬운 수학지도

CHAPTER 4
흥미진진 알쏭달쏭 수학퀴즈

과연 거북이 토끼를 이길 수 있을까?

누구나 경주 도중 낮잠을 자는 바람에 느림보 거북에게 진 토끼의 이야기를 들어 본 적이 있을 것이다. 그리고 우리는 이 우화를 통해 성실히 노력하면 원하는 바를 이룰 수 있다는 교훈을 얻곤 했다. 그러나 동화와 현실은 참 많이 다르다. 일찍 일어나는 새가 먹이를 빨리 구하기도 하지만, 천적에게 빨리 잡아먹히기도 한다는 교훈처럼 말이다.

동화 속에 토끼와 거북의 경주 거리가 얼마나 되었는지는 나와 있지 않다. 다만 토끼가 낮잠을 잘 정도라면 그리 짧은 거리는 아닐 것이다. 따라서 경주 거리는 10km로 정하고 토끼가 낮잠을 잔 곳은 6km 지점으로 가정하자.

실제 거북의 속력은 약 0.3km/h이고 토끼는 60km/h 정도라고 한다. 그리고 이를 분당 속력으로 환산하면 거북은 0.005km/m, 토끼는 1km/m이다. 따라서 토끼가 6km 지점에 도착하기 위해서는 6분이 걸린다. 이에 반해 거북이 6km 지점에 도착하기 위해서는 무려 1,200분이 걸린다. 따라서 거북이 잠든 토끼를 추월하는 시간은 20시간 후가 되고, 이 순간 토끼는 무려 19시간 54분이나 잠을 자고 있는 셈이 된다. 하지만 여기서 끝이 아니다.

만약 토끼가 정신을 차리고 다시 달린다면 나머지 4km

를 4분이면 주파할 수 있다. 그러나 거북은 무려 800분을 더 달려야만 한다. 따라서 거북이 토끼를 이기려면 토끼가 최소 13시간 16분 이상을 더 자야만 한다. 결국 토끼는 총 33시간 10분 동안이나 잠에 빠져 있어야 하는 것이다. 이 정도면 낮잠이 아니라 기절 수준인데, 이게 과연 현실적으로 가능할지는 모르겠다.

방이 꽉 찬 호텔에서 새로운 손님을 받는 방법은?

한 여행객이 어떤 호텔에 가서 묵을 수 있는 방이 있는지 물었다. 호텔 프런트에서는 그에게 지금은 방이 다 차 있는 상태라고 대답했다. 하지만 늦은 시각인 데다가 여행객은 피곤해서 새로운 호텔을 찾아다니는 것이 더 힘들 거라고 생각해 호텔 직원에게 다시 한 번 부탁했다.

궁리를 하던 직원은 방법을 찾았다고 대답하고는 호텔의 1번 객실로 가서 문을 두드린 후 그 방의 손님에게 2번 객실로 옮겨 줄 것을 부탁했다. 그리고 2번 객실 손님은 3번 객실로 옮기도록 했다. 또 다음 객실에 있던 손님에게도 이와 같은 부탁을 해서 손님들 모두가 방을 이동하도록 했다. 놀랍게도 모든 손님들은 새로운 객실로 옮겼고, 프런트에서 기다리던 여행객은 1번 객실을 사용할 수 있게 되었다.

여행객은 1번 객실로 들어가 샤워를 하고 잠자리에 들었는데, 문득 의문이 생겼다. 자신이 도착했을 때 분명히 호텔의 객실은 모두 차 있다고 했다. 그런데 어떻게 자신을 포함한 모든 손님들이 객실에서 쉴 수 있게 되었는지 궁금해졌다. 그런데 곧 답을 알게 되었다. 이 호텔의 객실은 무한개가 있다는 것을 깨달은 것이다.

지금까지의 이야기는 수학자 힐베르트가 낸 수학 문제에서 기인된 무한 호텔 농담이다. 이에 따르면 호텔에는 객실이 무한개 있기 때문에 한 칸씩 이동시키면 1번 객실이 비게 되어 새로운 여행자가 묵을 수 있었다는 것이다. 무한 호텔에 대한 농담은 이 외에도 몇 가지 변형이 있다. 예를 들어

객실이 꽉 차 있는 호텔에 갑자기 두 명의 손님이 들이닥쳤을 때 객실을 재편성하는 방법은 다음과 같다. 원래 묵고 있던 손님들을 짝수 번 방으로 옮겨 달라고 하면 되는 것이다. 그렇게 하면 홀수 번 방이 비게 되어 두 명의 손님 모두에게 객실을 내줄 수 있다. 무슨 풍딴지같은 얘기냐고 할 수도 있겠지만, 수학자들은 이와 같은 농담을 통해서도 수학을 즐긴다는 것에 박수를 쳐 주자.

배달을 하는 데도 그래프가 필요하다?

인터넷 쇼핑이 발달하면서 집에서 편하게 구입한 물건을 택배로 받아 볼 수 있게 되었다. 그런데 인터넷 쇼핑몰의 발전에 발맞춰 택배 회사는 더욱 효율적으로 물건을 배달해야 될 필요가 생겼다. 되도록이면 한 번에 겹치는 동선 없이 하루 동안 배달해야 할 물건을 운반할 필요가 생긴 것이다.

이 고민을 풀 실마리는 '쾨니히스베르크 7개의 다리 한 번에 건너기 문제'로 더 잘 알려진 그래프 이론에서 찾을 수 있다. 오늘날 칼리닌그라드라고 불리는 쾨니히스베르크는 발트 해 연안의 강 하구에 위치한 도시다. 이 도시를 흐르는

강에는 섬이 2개 있는데, 18세기에는 두 섬과 본토 사이를 잇는 다리가 7개 놓여 있었다.

    당시 쾨니히스베르크 사람들은 독특하게도 한 사람이 어느 한 지점에서 출발해 모든 다리를 딱 한 번씩만 건너 출발한 지점으로 되돌아오는 방법이 있는지에 대해 큰 관심을 가지고 있었다. 수년 동안 많은 사람들이 이것이 가능한지 시도해 보았지만, 모든 사람들이 적어도 한 개의 다리를 건너지 않거나 여러 번 건너는 결과가 나왔다. 결국 이 도시 사람들은 이것이 가능하지 않다는 결론을 내렸다. 그러나 그 이유를 아는 사람은 아무도 없었다.

    1736년 스위스의 수학자 오일러가 이 문제에 관심을 갖게 되었다. 그는 그래프를 이용해 이 문제가 불가능한 이유를 증명해 냈다. 오일러가 그린 그래프는 쾨니히스베르크의 다리를 단순화시킨 것인데, 그에 따르면 선분이 홀수로 모이는 점인 홀수점이 4개가 나타난다. 오일러는 바로 이것 때문에 7개의 다리를 한 번만 지나쳐 건너는 것이 불가능함을 밝혀낸 것이다. 오일러에 따르면 홀수점이 3개 이하여야만 모든 다리를 한 번에 건너는 게 가능하다고 했다. 최근에 이 강에 새로운 다리가 하나 더 건설되어 이제는 한 번에 모든 다리 건너기가 가능해졌다고 한다.

얼핏 보면 별 쓸모없을 것 같은 수학 이론이지만, 우리가 사는 도시를 만드는 데도 오일러의 그래프 이론이 응용되었다고 한다. 택배 회사의 노선 효율성도 실제로 그래프 이론을 응용해 활용하고 있다고 한다.

나머지 돈은 도대체 어디로 갔을까?

어릴 적에는 뭐니 뭐니 해도 슈퍼를 하는 집 친구가 가장 부러웠다. 과자며 아이스크림을 마음대로 먹을 수 있을 것 같았기 때문이다. 그러나 그 친구들도 나름대로 불만은 있었다. 가게에 있는 물건에 함부로 손을 댔다가는 크게 혼이 나는 것은 물론이고, 틈틈이 가게를 봐야 했던 것이다. 그래도 그 친구들의 유일한 낙이 있다면, 손님들이 잘못 거슬러 간 거스름돈을 몰래 챙기는 것이었다.

땡구네 집은 작은 슈퍼마켓을 한다. 어느 날, 땡구가 가게를 보고 있는데 건장한 남자 세 명이 들어왔다. 그리고 한 개에 1,000원 하는 음료수 세 개를 사 가지고 갔다. 잠시 후, 아버지가 돌아왔다. 그런데 아버지는 마침 행사 기간이라 세 개짜리 음료수 한 묶음은 2,500원만 받아야 한다며 땡구를 나무랐다. 그리고 땡구에게 500원을 주면서 조금 전 손님들에게 돌려주라고 말했다.

마침 남자들은 제각기 흩어진 뒤였다. 그래서 500원을 3등분해서 나누어 주어야 했다. 그런데 500을 3으로 나누면 끝이 없이 나누어지는 무리수였다. 그래서 땡구는 남자들에게 각각 100원씩만 주고 200원은 자기가 챙기기로 했다. 그리고 집으로 돌아오는데, 문득 섬뜩한 생각이 들었다.

100원씩을 돌려주었기 때문에 남자들이 음료수를 마시기 위해 지불한 돈은 모두 2,700원인 셈이었다. 따라서 땡구는 남자들이 지불한 돈과 자기가 챙긴 돈을 합치면 처음 남자들이 지불한 3,000원이 되어야 한다고 생각했다. 그런데 웬걸? 그 합은 2,900원밖에 되지 않았다. 그렇다면 나머지

100원은 어디로 간 걸까?

사실 없어진 돈은 한 푼도 없었다. 애초에 땡구가 챙긴 돈 200원은 남자들이 지불한 2,700원에 포함된 것이기 때문이다. 결국 음료수 값 2,500원 + 땡구가 빼돌린 200원 + 남자들에게 돌려준 300원 = 3,000원이 되는 것이다. 이렇듯 수학은 생각하기에 따라 사람을 바보로 만들기도 한다.

나는 언제쯤 결혼할 수 있을까?

미혼 남녀에게 결혼만큼 관심 있는 것은 없을 것이다. 특히 애인이 없는 사람이라면 언제 결혼을 하게 될지 마냥 궁금하기만 하다. 그런데 수학을 이용하면 쉽게 결혼하게 되는 나이를 알 수 있다.

먼저 1~9까지 중 가장 좋아하는 숫자 하나를 선택하라. 그리고 이 수에 결혼을 하게 되면 낳고 싶은 자녀의 수를 더하라. 그런데 만약 그 수가 두 자릿수가 된다면 각 자리의 수를 더해 한 자릿수로 만들라. 만일 각 자릿수를 더했는데도 두 자릿수가 되면 반복해서 각 자릿수를 더하여 결국 한 자릿수로 만들라. 가령 12가 나왔다면 1과 2를 더해 3으로 만들면 된다. 이렇게 만들어진 숫자에 3을 곱하라. 여기서도 두 자릿수가 나오면 각 자리의 수를 더하고 이렇게 나온 수에 다시 6을 곱하라. 그리고 또 두 자릿수가 나오면 한 자릿수로 만들라. 여기에 21세기를 상징하는 21을 더하고, 이렇게 나온 수에서 그동안 키스를 한 이성의 수를 빼면 당신이 결혼하게 되는 나이가 나온다.

 그런데 사실 이 방법은 결혼을 하게 되는 나이를 알아보는 방법이 아니라, 그동안 키스를 한 이성의 숫자를 알아보는 방법이다. 처음 1~9까지의 수 중 마음에 드는 하나의 수를 x라고 하자. 그리고 결혼해서 갖고 싶은 자녀의 수를 y라고 하고 x와 y를 합친 수를 z라고 하자. 그리고 이렇게 만들어진 z에 3을 곱하면 $3z$가 될 것이다. 그런데 $3z$가 한 자릿수가 되든 혹은 두 자릿수가 되어 각 자리의 수를 합치든

그 수는 무조건 3, 6, 9 중 하나가 된다. 한 자릿수가 나오더라도 3의 배수는 무조건 3, 6, 9 중에 하나가 될 것이고, 두 자릿수의 15나 27이 나오더라도 그 합은 무조건 3, 6, 9 중 하나가 될 수밖에 없는 것이다. 이제 다시 3, 6, 9 중 하나의 숫자에 6을 곱해야 한다. 그런데 이렇게 나온 두 자릿수의 각 자리의 수를 더하면 그 수는 무조건 9가 된다. 믿지 못하겠다면 6에 각각 3, 6, 9를 곱한 뒤 각 자리의 수를 더해 보라. 따라서 이렇게 나온 9에 21을 더하면 무조건 30이 나오게 될 것이고, 이 사실을 알지 못하는 상대는 여기에서 그동안 키스를 한 이성의 수를 뺄 것이다. 즉, 누군가 이 식에 따라 25란 숫자가 나왔다면 그 사람은 그동안 5명의 이성과 키스를 해 봤다는 사실을 알 수 있다.

수학으로 마음에 드는 이성의 전화번호를 알 수 있다고?

마음에 드는 이성을 만났을 때, 가장 먼저 그 사람의 휴대전화 번호를 묻게 된다. 하지만 무턱대고 번호를 물었다가는 냉랭한 분위기가 될 수 있다. 이럴 때는 수학 마술을 이용해 보는 것도 좋은 방법이다.

먼저 휴대전화 번호 뒷자리를 제외하고 010이나 019를 포함한 일곱 자리의 번호 중 맨 처음의 0을 뺀 수에 80을 곱하도록 하라. 그리고 다시 250을 곱하게 한 뒤, 휴대전화의 뒷자리 번호를 두 번 더하라. 마지막으로 이렇게 계산된 번호를 보여 달라고 하라. 아마 상대는 아무 의심 없이 번호를 보여 줄 것이다. 그러면 이렇게 건네받은 번호를 반으로 나눠라. 그래서 나온 번호가 상대방의 휴대전화 번호다. 정말 신기하지 않은가?

알고 보면 매우 간단한 방법이다. 먼저 맨 처음의 0을 뺀 상대방의 번호가 01x-xxxx-yyyy라고 가정하자. 그리고 전화번호 앞자리에 80과 250을 연달아 곱해 주면 그 값은 2(01xxxxx0000)이 될 것이다. 80×250은 20,000이기 때문이다. 그리고 다시 휴대전화 뒷자리 번호를 두 번 더해 주면 고스란히 2(01xxxxxyyyy)가 된다. 즉 처음 휴대전화 번호의 앞자리에 20,000을 곱해 준 것은 휴대전화 뒷자리 번호가 들어갈 자리를 마련해 준 것뿐이고 10,000이 아닌 20,000을 곱해 준 것과 뒷자리를 두 번 더하게 한 것은 상대가 눈치 채지 못하게 하기 위한 눈속임일 뿐이다.

이와 같은 방법을 응용하면 상대방의 전화번호뿐만 아니라 생년월일도 쉽게 알아낼 수 있다.

경기에 져야 플레이오프에 진출한다?

스포츠 경기만큼 경우의 수가 중요하게 여겨지는 분야는 일상에서 만나기 힘들 것이다. 월드컵 조별 예선 때나 야구 시즌의 막바지 즈음에 스포츠 신문에서는 상황에 따른 경우의 수에 대해 자세히 설명하는 기사를 내보내곤 한다.

경우의 수를 얘기할 때 자주 언급되는 예는 1981년의 메이저리그 시즌이다. 그해 메이저리그는 6월 12일에 일어난 선수 노조의 파업으로 제대로 된 시즌을 치를 수 없게 되었다. 파업이 끝난 후 메이저리그는 시즌을 한시적으로 전반기와 후반기로 나누어 치르는 제도를 도입했다. 그리고 시즌 종료 후 치를 플레이오프에 대해서는 다음과 같은 두 조항을 두었다. 첫째, 전·후반기의 우승팀이 다를 경우 그 두 팀이 플레이오프에 진출한다. 둘째, 전·후반기의 우승팀이 같을 경우 그 팀과 전·후반에 걸쳐 승률이 가장 높은 팀이 플레이오프에 진출한다는 것이다.

나름대로 합리적인 것으로 보이지만 곧 임시방편이 지닌 문제점들이 드러났다. 예상치도 못한 경우의 수들이 발생한 것이다. 다음의 예를 보면 무엇이 문제인지 이해할 수 있을 것이다. 이는 전반기 시즌이 끝나고 후반기 시즌도 두 경기씩만 남았다고 가정한 데이터이다.

전반기 시즌		후반기 시즌	
다저스	50승 20패	다저스	48승 20패
레즈	49승 21패	자이언츠	47승 21패
자이언츠	40승 30패	레즈	45승 23패
브레이브스	32승 38패	아스트로스	25승 43패
아스트로스	20승 50패	파드리스	21승 47패
파드리스	19승 51패	브레이브스	18승 50패

 이에 따르면 레즈는 후반기에 우승팀이 될 수 없다. 그런데 마지막 두 경기를 다저스와 치러야 한다고 하면 레즈는 어떻게 해야 플레이오프에 갈 수 있을까? 경우의 수를 따져 보자. 먼저 후반기 2위인 자이언츠가 남은 두 경기에 이겨 우승하게 될 경우, 플레이오프는 다저스와 자이언츠의 몫이 된다. 다음으로 다저스가 우승하게 될 경우, 이때는 위의 둘째 조항대로 전·후반기를 합쳐 승률이 높은 팀과 플레이오프가 열리게 된다. 여기서 문제가 발생한다. 레즈가 다저스에 남은 두 경기를 모두 내준다고 하더라도 전체 승률은 남은 두 경기를 다 이긴 자이언츠보다 높다. 즉, 레즈는 다저스에게 두 경기를 모두 져야만 플레이오프에 갈 수 있다.

 실제로 이러한 가상의 상황이 현실에서 발생하지는 않았다. 그럼에도 1981년 메이저리그에는 몇 가지 문제들이 발생했다. 정상적인 시즌을 운영했더라면 플레이오프에 나갈 성적인 팀들이 탈락한 것이다. 시즌이 끝나고 NL 동부조에서 가장 좋은 승률을 올린 세인트루이스 카디널스(59승 43패)와 NL 서부조 신시네티 레즈(66승 42패)가 각각 플레이오프에 진출하지 못했다. (당시 메이저리그는 4개 조로 NL과 AL 모두 동부와 서부로만 나뉘어 있었다.) 플레이오프에서는 절반의 호성적을 거둔 팀끼리 경기를 치르게 되었던 것이다.

로빈슨이 가지고 간 빵은 모두 몇 개?

배를 타고 바다를 항해하던 A, B, C 세 사람은 우연히 무인도에 정박하게 되었다. 그런데 그 섬에는 로빈슨이라는 사내가 오래전에 표류되어 혼자 살고 있었다. 이를 딱하게 여긴 세 사람은 공동의 식량으로 가지고 있던 빵의 $\frac{1}{4}$을 로빈슨에게 나누어 주기로 했다.

　약속대로 A는 로빈슨에게 빵의 $\frac{1}{4}$을 주었다. 그런데 로빈슨은 자기가 A에게서 이미 빵을 받았다는 사실을 숨겼다. 그리고 B는 다시 로빈슨에게 빵의 $\frac{1}{4}$을 주었다. 이번에도 로빈슨은 이 사실을 말하지 않았고, C도 남아 있던 빵의 $\frac{1}{4}$을 로빈슨에게 주었다. 결국 로빈슨은 A, B, C에게서 받은 빵을 모두 챙겨 섬을 빠져나가 버렸다. 이때 로빈슨이 챙긴 빵은 모두 몇 개일까? 단, 빵의 개수는 100을 넘지 않는 자연수라고 하자.

　복잡한 듯 보이지만 이 문제는 매우 간단하다. A, B, C 세 사람은 로빈슨에게 각각 세 번에 걸쳐 빵의 $\frac{1}{4}$씩을 나누어 주었다. 그러므로 처음 있던 빵의 숫자는 4로 세 번에 나누어 떨어지는 64(4×4×4)의 배수이다. 그런데 처음 세 사람이 가지고 있던 빵의 숫자가 100을 넘지 않는다고 했으므로 빵의 숫자는 그대로 64개다.

　문제는 로빈슨이 챙긴 빵의 숫자를 구하는 것이다. A는 64개의 빵 중에 $\frac{1}{4}$을 로빈슨에게 주었다. 따라서 이때 로빈슨은 16개의 빵을 챙겼다. 그리고 B가 나머지 48개 중에 $\frac{1}{4}$을 주었기 때문에 로빈슨은 다시 12개를 챙겼다. 마지막으로 C가 남은 36개의 빵 중에 $\frac{1}{4}$을 로빈슨에게 주었으므

로 로빈슨은 또 9개를 챙겼다. 결국 로빈슨이 챙긴 빵은 모두 37개가 된다.

무인도를 탈출할 수 있는 방법은?

로빈슨이 챙겨 간 것은 빵만이 아니었다. 로빈슨은 세 사람이 타고 온 배까지도 훔쳐 달아나 버렸다. 그리고 세 사람

에게 남은 것은 3벌의 구명조끼와 빵 27개가 전부였다. 하는 수 없이 세 사람은 구명조끼를 입고 헤엄쳐서 사람이 사는 근처 섬까지 가기로 했다.

빵 1개를 가지고 하루에 몇 번 균등하게 먹으면 하루를 버틸 수 있었다. 그리고 근처 섬까지는 6일이 걸렸다. 다행히 27개의 빵이 남아 있었기 때문에 식량걱정은 하지 않아도 될 것 같았다. 그런데 뜻밖의 문제가 발생했다.

구명조끼를 입고서는 각자 4개의 빵밖에는 챙길 수 없었다. 세 사람은 크게 좌절했다. 그런데 가만히 생각해 보니,

한 사람이라도 근처 섬에 도착해서 구조를 요청한다면 모두가 살 수 있었다. 이때, 세 사람은 좋은 방법을 떠올렸다. 그 방법이란 과연 무엇일까?

세 사람은 각자 4개의 빵을 챙겨 무인도를 떠났다. 첫째 날, 세 사람은 각자 빵 1개씩을 먹은 뒤 A는 자신의 남은 빵 3개 중에 2개를 B와 C에게 1개씩 나누어 주었다. 그리고 A는 돌아갈 때 먹을 빵 1개를 챙겨 무인도로 돌아갔다.

이튿날, B와 C 두 사람은 빵 1개씩을 먹었다. 이번에는 B가 자신의 남은 빵 3개 중 1개를 C에게 주고 A가 있는 무인도로 돌아갔다. 이제 근처 섬까지는 4일이 남았고 C는 4개의 빵을 가지고 있었다. 이렇게 해서 C는 무사히 근처 섬에 도착할 수 있었다. 그리고 무인도에 있던 A와 B도 무사히 구출되었다.

CHAPTER 5
성적이 쑥쑥 교과서 속 수학

숫자에도 우열이 있다?

보통 사람들은 자신의 콤플렉스를 감추기에 급급하다. 그래서 어떤 사람은 성형수술을 하기도 하고, 또 어떤 사람은 학력을 위조하기도 한다. 하지만 아무리 잘난 사람이라도 한두 개 정도의 콤플렉스가 있기 마련이다. 이 세상에 완벽한 사람은 존재하지 않는다. 그런데 수의 경우라면 이야기가 달라진다.

인수란 곱의 꼴로 된 수를 구성하는 각 구성 요소를 말한다. 그리고 모든 수는 인수의 조합으로 이루어져 있다. 가령 4는 1, 2, 4의 인수를 가진다. 그런데 숫자 중에는 자신과 같은 인수를 뺀 나머지 인수들의 합과 그 크기가 같은 수가

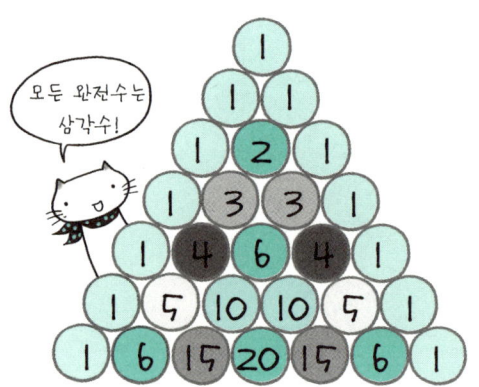

있다. 바로 이런 수를 완전수라고 한다. 예를 들어 8의 인수는 1, 2, 4, 8이다. 그리고 여기서 8을 제외한 1, 2, 4를 더하면 7이 된다. 즉, 8은 완전수가 아니다. 이에 반해 6의 인수는 1, 2, 3, 6이다. 그리고 여기서 6을 제외한 1, 2, 3을 더하면 똑같이 6이 된다. 즉, 6은 완전수다.

고대 피타고라스 시대부터 수학자들은 완전수를 신비한 수로 여기고 완전수를 찾기 위해 애썼다. 그럼에도 지금까지 발견된 완전수는 41개에 불과하고, 완전수 중에 10,000보다 작은 수는 6, 28, 496, 8,128뿐이다. 지금까지 발견된 가장 큰 완전수는 $(2^{32582657}-1) \times 2^{32582656}$ (2006년 현재)이다.

한편, 완전수만큼이나 삼각수도 신비로운 숫자로 여겨진다. 삼각수란 포켓 당구공을 놓는 방식으로 맨 위에 하나부터 시작해서 수가 하나씩 늘어나도록 그 수만큼 늘어놓으면 하나의 삼각형 형태가 되는 수를 말한다. 가령 숫자 3은 처음에 1개, 그리고 밑에 2개를 놓으면 삼각형 형태가 되므로 삼각수이다. 마찬가지로 숫자 6도 처음에 1개, 그 밑에 2개, 그리고 3개를 놓으면 삼각형이 되는 삼각수이다. 그런데 재미있게도 모든 짝수인 완전수는 삼각수이다. 그리고 지금까지 발견된 완전수는 모두 짝수라고 한다. 따라서 지금까지 완전수는 모두 삼각수인 셈이다.

아르키메데스가 원 안에 정육각형을 그려 넣은 이유는?

우리는 온통 사각형에 둘러싸여 살고 있다. 사각형의 집 안에서 사각형 책상에 앉아 사각형 모양의 책을 보니 말이다. 그런데 눈을 좀 더 멀리 두고 보면, 우리는 온통 원으로 둘러싸여 있다. 낮이면 둥근 해가 우리를 비춰 주고 밤이 되면 둥근 별과 달이 우리를 내려다본다. 더군다나 우리가 사는 지구 역시 원구다. 그래서인지 예로부터 사람들은 원을 매우 신비로운 것으로 여겼으며, 원을 연구하기 위해 부단히 애썼다.

알다시피 원의 넓이는 '반지름의 제곱×원주율'이다. 여기에 4를 곱해 주면 구의 면적도 쉽사리 구할 수 있다. 이와 같은 방법은 옛날 사람들도 익히 알고 있었다고 한다. 그런데 문제는 원의 둘레와 그 지름의 비인 원주율이었다.

옛날 사람들도 원주율이 대략 3이 되는 것쯤은 알고 있었다. 하지만 당시 사람들이 원주율을 구한 방법은 그다지 과학적이지 못했다. 그저 둥근 나무를 잘라 지름과 둘레를 각각 재고, 그 비율을 잰 것뿐이다. 그래서 그리스의 수학자 아르키메데스는 좀 더 과학적인 방법으로 정확한 원주율을 구하고자 했다.

　아르키메데스는 먼저 원을 그린 뒤, 여섯 꼭짓점이 원에 내접하는 정육각형과 외접하는 정육각형을 각각 그려 넣었다. 그리고 원의 둘레는 원에 내접하는 다각형의 둘레보다는 길고, 원에 외접하는 다각형보다는 짧다는 원리를 이용해 원주율을 구했다. 하지만 아르키메데스는 여기서 만족하지 않았다. 아르키메데스는 정확도를 높이기 위해 정7각형부터 정96각형까지 변수를 늘려 원주율을 구해 나갔다. 이렇게 해서 아르키메데스는 원주율이 3.140845……보다는 크고 3.142857……보다는 작다는 사실을 알아냈다. 오늘날 알려진 원주율이 3.141592……인 점을 감안하면 대단히 정확한 수치라고 할 수 있다.

큰 사과는 왜 비쌀까?

사탕이나 과자가 귀하던 시절, 산에서 칡뿌리를 캐 먹거나 남의 과수원에 몰래 들어가 과일을 서리해 먹는 것이 아이들의 유일한 군것질거리였다. 그런데 요즘은 상황이 많이 바뀌었다. 과자 같은 것은 비교적 흔해진 데 반해, 크게 치솟은 과일 값 때문에 어지간한 과일 하나 먹기가 힘들어졌으니 말이다. 그런데 간혹 과일 가게에 가 보면 작고 볼품없는 과일을 따로 담아 놓고 헐값에 파는 경우가 있다. 비록 모양새는 좀 그래도 먹는 데는 아무 하자가 없다. 그런데 과연 이런 과일들을 사면 정말 싸게 사는 걸까?

가령 반지름이 6cm인 사과 1개를 3천 원에 팔고 있는 과일 가게에서 반지름이 3cm인 사과를 따로 1천 원에 팔고 있다고 하자. 얼핏 봐서는 두 사과의 반지름이 반 정도밖에 차이나지 않기 때문에 가격이 세 배나 되는 큰 사과보다는 작은 사과를 여러 개 사는 편이 훨씬 이득처럼 보인다. 그러나 실상은 그렇지 않다.

원의 넓이는 반지름×반지름×원주율이다. 따라서 반지름의 차이가 두 배가 나면 그 넓이는 4배의 차이가 난다. 그런데 사과는 면이 아닌 입체다. 그리고 원의 부피를 구하는 공식은 다음과 같다.

$$\text{원의 부피} = \text{반지름} \times \text{반지름} \times \text{반지름} \times \frac{4}{3} \times 3.14\text{(원주율)}$$

만약 사과를 완벽한 원구라고 가정하면 큰 사과의 부피는 $216 \times \frac{4}{3} \times$ 원주율이다. 반면 작은 사과의 부피는 $27 \times \frac{4}{3} \times$ 원주율이다. 물론 비교되는 두 대상에 서로 같은 값을 곱해 줄 경우 이를 생략하더라도 그 비교 값은 같아진다. 따라서 큰 사과와 작은 사과의 부피의 비는 216:27이다. 그리고 이를 약분하면 8:1이 된다. 즉, 큰 사과가 작은 사과보다 8배 더 크다. 이에 반해 가격은 3배밖에 비싸지 않으니 큰 사과를 사는 편이 훨씬 이득이라 할 것이다.

1부터 100까지 더하는 데 10초도 안 걸리는 사람이 있었다고?

요즘도 그러는지 모르겠지만, 수년 전까지만 해도 학교에서 수열을 배울 때쯤 되면 수학 선생님들이 꼭 시키곤 하던 것이 있었다. 그것은 1부터 100까지 더해 보라는 덧셈 문제였다. 선생님들이 이 문제를 내는 이유는 등차수열을 발견한 가우스의 일화 때문이다.

가우스가 초등학교를 다닐 때의 일이다. 선생님이 학생들에게 1부터 100까지 더해 보라는 문제를 냈다. 선생님은 학생들이 문제를 풀기 시작하는 것을 확인하고는 자리에 앉았다. 그런데 자리에 앉기가 무섭게 한 학생이 답안지를 제출하고 들어가는 것이었다. 문제를 낸 지 채 몇 초도 지나지 않았던 터라 선생님은 속으로 답을 맞혔을 리 없다고 생각하고는 다른 아이들이 문제를 다 풀 때까지 기다렸다.

아이들은 전전긍긍하면서 문제를 풀었는데, 대부분 거의 1시간 가까이 지나서야 답안지를 제출했다. 선생님은 학생들이 낸 답안지를 살피면서 정답과 맞춰 보기 시작했다. 채점이 끝났을 때 반에서 답을 맞힌 학생은 단 한 명뿐이었다. 놀랍게도 제일 처음 답안지를 제출한 학생이었다. 그 답안지에는 문제를 푼 흔적은 없고, 오직 답에 해당하는 5,050

이라는 숫자만 적혀 있을 뿐이었다.

선생님은 놀라서 그에게 답을 어떻게 구했는지 물어보았다. 혹시 답을 알고 있었던 것은 아닐까 하는 의심을 갖고 말이다. 그런데 그 학생의 풀이법을 듣고는 깜짝 놀라고 말았다. 그 학생은 1과 100을 더하고 99와 2를 더하면 101인데, 그에 따르면 1부터 100 사이에 합이 101이 되는 수의 쌍이 50개가 있다는 것이다. 그래서 101×50=5,050이 된다는 것이었다. 다른 학생들이 1부터 100까지의 수를 일일이 더하고 있는 동안 그 학생은 어떤 원리를 발견해 낸 것이었다. 게다가 이 풀이는 문제를 낸 선생님도 알지 못했고, 심지어 생각조차 해보지 못한 방법이었다. 이 학생이 바로 가우스이다. 그가 이 풀이에서 얻어낸 것이 등차수열이다.

처음 만난 사람에게 날씨 이야기를 꺼내는 이유는?

처음 만나는 사람과 대화하기란 여간 어색하고 쑥스러운 일이 아니다. 더군다나 마땅한 공통 화제를 발견하지 못한다면 대화를 시작하더라도 몇 마디 나누지 못하고 대화가 뚝 끊기기 마련이다. 바로 이럴 때 사람들은 흔히 날씨 이야기를 꺼내곤 한다. 날씨 이야기는 이 땅에 산다면 누구에게나 공통된 관심거리이기 때문이다.

사람과 사람 간의 만남에 공통분모가 필요한 것과 마찬가지로, 숫자 간에도 공통분모가 필요하다. 그래야만 서로 빼거나 더할 수 있기 때문이다. 가령 $\frac{1}{3}$과 $\frac{3}{4}$을 더하고자 한다면, 먼저 분모를 같게 만들어 주어야 한다.

공통분모를 구하는 방법은 의외로 간단하다. 분모끼리 서로 곱해 주고, 곱하기를 당한 만큼 분자에도 똑같이 곱해 주면 되는 것이다. 즉 $\frac{4}{12}+\frac{9}{12}$로 계산하면 된다. 그런데 숫자의 단위가 높아지면 공통분모를 만드는 방법도 조금 복잡해진다. 무조건 분모끼리 곱해 주었다가는 분모가 엄청나게 커져 버릴 수도 있기 때문이다. 이럴 경우 최소공배수를 이용해 공통된 분모를 만들어 주면 된다.

최소공배수를 구하는 방식 또한 그리 어렵지 않다. 가령

세상에서 가장 쉬운 수학지도

32와 24의 최소공배수를 구하려 한다면, 먼저 두 수를 공통된 약수로 계속해서 나누어 준다. 그리고 더 이상 나눌 공통약수가 없을 때, 각각에 남은 숫자와 그동안 사용된 약수들을 서로 곱해 주면 그 수가 바로 두 수 간의 최소공배수가 된다. 즉, 32와 24의 최소공배수는 96(2×2×2×4×3)이 되는 것이다. 그리고 이런 방법은 세 개 이상 수들의 최소공배수를 구할 때도 마찬가지로 적용된다.

$$
\begin{array}{r}
2\,)\,\underline{32\quad 24}\\
\times\\
2\,)\,\underline{16\quad 12}\\
\times\\
2\,)\,\underline{8\quad6}\\
\times\quad 4\quad3\ =\ 96
\end{array}
$$

눈과 코가 서로 다른데 닮아 보이는 이유는?

도플갱어 전설에 따르면, 만약 자신과 똑같이 생긴 사람을 만나게 된다면 그 사람은 곧 죽는다고 한다. 하지만 너무 걱정할 필요는 없다. 이 지구 상에 사는 60억 인구 중에 똑같이 생긴 사람이라고는 단 한 사람도 없으니까 말이다. 그런데 살다 보면 서로 닮은 사람들을 자주 발견하게 된다. 그래서 누구누구는 연예인 아무개와 닮았다란 소문이 돌기도 한다. 하지만 아무리 닮은 사람들이라도 자세히 들여다보면 눈이나 코의 모양이 전혀 다른 경우가 대부분이다.

부분 부분이 전혀 다름에도 불구하고 사람의 얼굴이 닮아 보이는 이유는 닮음비 때문이다. 가령 어떤 두 사람의 눈과 코, 그리고 입의 위치의 비가 서로 비슷하다면 그 두 사람은 비슷하게 보일 가능성이 높다. 설사 두 사람 얼굴의 모양과

크기가 전혀 다르다고 해도 말이다.

  이런 원리는 수학에서도 적용된다. 예를 들어 밑변의 길이가 3cm이고 빗변의 길이가 5cm인 A라는 직각 삼각형이 있다고 하자. 그리고 이와 닮은꼴인 B라는 직각 삼각형이 있는데, 직각 삼각형 B는 높이가 8cm라는 것밖에 모른다. 이런 경우 삼각형 B의 빗변의 길이를 구할 수 있을까?

  물론 구할 수 있다. 먼저 피타고라스의 정리를 이용해서 삼각형 A의 높이를 구해 보자. 직각 삼각형에서 빗변(5cm)의 제곱=밑변(3cm)의 제곱+높이(?)의 제곱이므로 삼각형 A의 높이는 4cm이다. 그리고 삼각형 A의 높이가 4cm이고, 삼각형 B의 높이가 8cm인 것으로 보아 삼각형 A와 삼각형 B의 닮음비는 1 : 2라는 것을 알 수 있다. 따라서 삼각형 B의 빗변의 길이는 삼각형 A의 빗변의 두 배인 10cm이다.

서로 다른 차원을 연결해 주는 수학적 방법은?

  여러분은 실제 세계에 여러 차원이 있다고 생각해 본 적이 있는가? 물론 오늘날의 우리는 사이버 공간이라는 가상 세계를 평범한 일상적인 공간처럼 살고 있기는 하다. 요즘

사이버 공간에 자기만의 아바타를 만들고, 가상 도시의 시민으로 키워 나가는 게임을 하면서 사는 것은 결코 신기한 일이 아니니까 말이다. 그것이 아니라도 우리는 하루 중 어떤 지루한 시간에 마치 전혀 다른 공간에 있는 것처럼 상상하면서 지루함을 견뎌 내기도 한다. 그것도 우리의 일상 속에 숨어든 다른 차원이 아닐까?

수학에서 이렇게 다른 여러 차원을 다루는 방법으로 사용하는 것이 있는데, 그것이 바로 행렬이다. 행렬은 숫자나 문자를 가로와 세로의 직사각형 모양으로 배열하여 괄호로 묶은 것이다. 가로줄이 행이고 세로줄이 열인데, 행과 열은 서로 다른 차원을 대응시킬 수 있다.

이것을 어디에 써먹을 수 있을까 하는 의문이 들겠지만, 행렬은 실생활에 기술적으로 활용되기도 한다. 컴퓨터에서 색을 표현할 때 쓰는 RGB 컬러도 행렬을 통해 색을 구성하는 방식이다. RGB는 각각 빨간색, 녹색, 파란색을 말하는데 컴퓨터의 색은 이 색들을 어떤 비율로 구성하는가에 따라 결정된다. 행렬은 서로 다른 이 색깔의 비를 혼합할 때 계산법으로 사용되고 있다.

참고로 행렬을 영어로는 '매트릭스'라고 한다. 우리에게 잘 알려진 영화 '매트릭스'는 이러한 행렬의 특성을 알고 그런 성질을 은유적으로 영화의 스토리와 연결시켰다. 영화

는 기계들이 만들어 놓은 프로그램의 세계를 진짜 세계로 믿고 살아가는 사람들을 구하기 위해 실제 세계와 가상 세계를 넘나들면서 레지스탕스 활동을 하는 주인공들의 모습을 그리고 있다. 여기서 주인공들이 여러 차원을 넘나드는 것이 행렬의 특성을 은유적으로 나타냈다고 볼 수 있다.

욕심 많은 부자가 망한 이유는?

옛날 옛적, 어느 마을에 주인과 머슴이 살았다. 그런데 욕심 많은 주인은 머슴에게 단 한 푼의 새경도 주려고 하지 않았다. 결국 참다 못한 머슴은 한 가지 꾀를 냈다.

"매일 새경을 조금씩만 주십시오. 오늘은 쌀 한 톨을 주시고 내일은 쌀 두 톨을 주십시오. 이런 식으로 매일 전날의 두 배씩만 늘려 주십시오."

고작 새경으로 쌀 몇 톨만 달라니, 주인은 별것 아니라고 생각하고 선뜻 머슴의 요구를 들어주었다. 그런데 두 달 되지 않아 주인은 망하고 머슴은 부자가 되었다고 한다. 이게 도대체 어찌 된 일일까?

머슴이 말한 요구는 등비수열이다. 등비수열이란 각 항이

그 앞의 항에 일정한 수를 곱한 것으로 이루어진 수열이다. 그리고 등비수열의 기본 식은 $a_n = ar^{n-1}$이다. 여기서 a는 첫째 항을, r은 공통으로 곱해지는 공비를 뜻한다. 그리고 n은 항의 순서를 나타내는데, n-1이 되는 이유는 첫째 항의 수에는 공비를 곱하지 말아야 하기 때문이다.

이와 같은 공식에 따라 숫자를 대입하면 a는 1이 되고 r은 2가 된다. 그리고 머슴은 차례대로 1, 2, 4, 8, 16, 32, 64, 128……의 쌀알을 받다가 28일째가 되면 무려 134,217,728톨의 쌀알을 받게 된다. 그런데 쌀 한 톨의 무게는 0.3mg 정도이고 쌀 한 가마니의 무게는 80kg이다. 따라서 다음과 같은 비례식이 성립된다.

쌀 가마 : 쌀 한 톨 = 800,000,000 : 3

(*1kg=1,000g 1g=1,000mg)

   이를 계산해 보면 쌀 한 가마니에는 약 266,666,666개의 쌀알이 들어 있다는 계산이 나온다. 즉, 머슴은 28일이 되는 날 반 가마니 정도의 쌀을 새경으로 받게 되고, 그 다음 날에는 한 가마니의 쌀을 새경으로 받게 된다는 계산이 나온다. 그리고 이후에도 계속해서 새경이 두 배로 늘 것이기 때문에 결국 주인은 망할 수밖에 없었던 것이다.

수학은 왜 벼락치기 공부가 안 될까?

   누구나 한 번쯤은 시험을 앞두고 벼락치기 공부를 해 봤을 것이다. 그런데 이런 벼락치기가 절대 통하지 않는 과목이 있다. 그것은 바로 수학이다.

   기본적으로 수학은 각 단원 간의 연속 관계 때문에 단기간에 좋은 성적을 내기가 힘들다. 가령 사회나 과학 과목은 범위 내의 단편적인 지식만 알아도 문제를 푸는 데 큰 지장이 없다. 그러나 수학은 그렇지 않다. 가령 1차 방정식을 모르면 2차 방정식을 풀 수 없고, 그래프를 모르면 함수를 이해할 수 없다. 바로 이런 이유로 시험을 앞둔 학생들은 밤새도록 수학 공식집을 달달 외우기도 한다. 그러나 수학 공식집은 다른 과목의 요약집하고는 그 성격부터가 다르다. 가령 공부를 고기 잡는 것에 비유했을 때, 다른 과목의 요약집은 이미 잡아들인 고기에 비유된다. 따라서 이미 잡아 놓은 고기들을 열심히 먹기만 하면 된다. 이에 반해, 공식은 문제를 풀기 위해서 필수적으로 알아야 하는 사항들로 고기를 잡는 방법에 비유될 수 있다. 따라서 고기 잡는 방법을 모두 배웠더라도 직접 고기를 잡아 본 적이 없다면 고기 잡기는 어려울 수밖에 없다. 더군다나 수학은 창의력마저 요구한

다. 예를 들어 노련한 어부가 바다에 나갔다가 전혀 겪어 보지 못한 풍랑을 만났다면, 어부는 그동안의 경험대로만 대처해서는 안 될 것이다. 그동안의 경험을 토대로 보다 창의적인 방법을 찾아내야 하는 것이다.

바로 이런 점들 때문에 수학은 참 어렵다. 그러나 그 옛날 수학자들이 사소한 공식 하나를 증명하기 위해 평생을 두고 연구했던 것처럼 끈기 있게 차근차근 접근해 나간다면 누구라도 수학에서 좋은 결과를 얻을 수 있을 것이다.

모든 집합에 들어가는 집합이 있을까?

세상에는 분명히 존재하고 있는데도 그 존재감이 별로 느껴지지 않는 것들이 있다. 예를 들어 공기, 대지 같은 것 말이다. 그 증거로 우리는 어떤 영화나 드라마를 보면서 그 작품에서 별로 비중 있게 느껴지지 않는 인물을 약간 낮추어 말할 때 '공기 같다'란 말을 쓰고는 한다. 물론 대부분의 사람들은 공기의 가치에 대해 머리로는 잘 알고 있다. 그것들이 없다면 사람은 살아갈 수 없기 때문이다. 그렇지만 이에 대한 소중함을 몸과 마음으로 느끼는 일은 드물다.

수학에서 집합을 다룰 때 우리는 이와 비슷한 경우를 만나게 된다. 공집합이 바로 그것이다. 공집합은 원소가 없는 집합을 말한다. 어떤 면에서 집합에서 가장 존재감이 없을 것 같은 집합이지만, 공집합은 모든 집합에 부분 집합으로 들어간다는 점에서 중요한 집합이다. 바꾸어 말하면 공집합을 부분 집합으로 갖지 않는 집합은 있을 수 없다는 얘기다. 예를 들어 1과 2라는 자연수를 원소로 가진 집합 A가 있다고 하자. 이 집합의 부분 집합은 {1}, {2}, {1, 2}, 그리고 공집합 { }이다. 마찬가지로 3과 4가 원소인 집합 B는 {3}, {4}, {3, 4}, 그리고 공집합 { }을 부분 집합으로 갖는다. 즉, 어떤 집합이 있다고 가정하면 그 집합의 부분 집합을 셈할 때 꼭 공집합을 셈해야 한다는 것이다.

집합을 묶어 주는 괄호만 있는 형태인 공집합은 집합을 이루는 데 아무런 도움도 안 되는 것처럼 보이지만, 집합을 표시할 때 꼭 필요한 괄호처럼 없어서는 안 될 집합인 것이다. 그런 점에서 보면 공집합은 모든 집합을 가능하게 하면서 아무런 공통점이 없는 집합들의 모임에서조차 공통점을 가지게 하는 가장 기초적인 교집합인 것이다. 마치 공기가 지구에 사는 모든 생명체에게 숨 쉬는 것을 가능하게 하는 것처럼 말이다. 존재감이 약한 것들은 그런 점에서 우리에게 가장 중요한 것들이 아닐까 생각해 본다.

CHAPTER 6
궁금증이 모락모락 생활 속 수학

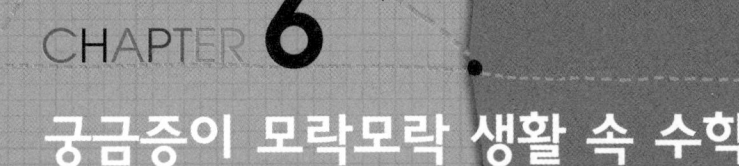

소주는 왜 딱 7잔이 나올까?

어릴 적에는 하루라도 빨리 어른이 되고 싶다는 생각을 하곤 한다. 하지만 막상 어른이 되면 도리어 어린 시절을 그리워하니, 참 아이러니한 일이 아닐 수 없다. 물론 한번 어른이 되고 나면 다시 어린 시절로 돌아갈 수 없다. 그래서 어른들은 쓰디쓴 소주를 마시며 세상의 시름을 달래나 보다. 그런데 이 소주라는 게 참 이상하다. 딱 한 병만 마시기로 해도 꼭 한두 병을 더 시키게 되니 말이다. 아마 알코올의 힘 때문이라 생각할지도 모르겠지만, 사실 이것은 수학의 힘이다.

2홉짜리 소주 한 병의 용량은 360㎖다. 그리고 이를 50㎖짜리 소주잔에 따르면 모두 7잔 정도가 나온다. 그런데 만약 이 소주를 2명이서 나누어 마신다면 어떻게 될까? 둘이서 3잔씩 나누어 마시면 1잔이 남게 된다. 이럴 경우 1잔을 그냥 남기거나 아니면 반 잔씩 나누어 마시면 될 것이다. 하지만 대부분의 경우 새로 한 병을 더 시키게 된다.

그런데 소주 한 병을 3명이서 나누어 마신다고 해도 결과는 마찬가지다. 3명이서 나누어 마신다면 1명에게 2잔씩 돌아가고 마찬가지로 1잔이 남게 된다. 그리고 4명이 나누어 마신다면 3잔이 남아 4명 중 1명에게는 술잔이 돌아가지 않

게 된다. 5명, 6명이 나누어 마시더라도 남는 잔의 수만 달라질 뿐 결과는 마찬가지다. 결국 어떤 경우라도 소주를 더 시킬 수밖에 없다는 이야기다. 그리고 이것이 바로 소주의 비밀이다.

7은 1과 자기 자신 외에는 나누어지지 않는 소수다. 때문에 소주 한 병을 혼자 마시거나 7명이 나누어 마시지 않는 한, 소주 한 병을 똑같이 나누어 마실 수는 없다. 물론 이것이 의도된 것인지 아닌지는 알 수 없다. 다만 분명한 건 지금 이 시각에도 소주의 함정에 빠져 고주망태가 되는 사람들이 있다는 것이다.

우리가 알고 있는 우리의 키는 정확할까?

간혹 연예인들의 실제 키가 밝혀지면서 고무줄 키가 논란이 되곤 한다. 그러나 연예인들을 그렇게 욕할 것만도 아니다. 우리도 역시 크든 작든 키를 속이고 있기 때문이다.

우리가 알고 있는 수치의 대부분은 근삿값이다. 근삿값이란 참값과 가장 가까운 값을 말한다. 그리고 근삿값에는 크게 반올림에 의한 값과 측정값이 있다. 가령 키를 쟀더니 169.8cm가 나왔다고 하자. 이런 경우 대부분의 사람들은 자신의 키를 170cm라고 말할 것이다. 이것이 바로 반올림에 의한 근삿값이다.

그런데 솔직하게 자신의 키가 169.8cm라고 말하더라도 이것 역시 정확한 수치를 말한 것은 아니다. 다시 말해 신장이 169.8cm로 나온 것은 키를 잴 때 사용한 자가 mm 단위까지 나왔기 때문이다. 그리고 만약 더욱 정밀한 자로 키를 쟀다면 168.8587389……cm와 같이 나올지 모른다. 즉 169.8cm라는 수치 역시 측정값에 의한 근삿값일 뿐이다.

근삿값의 예는 우리 주변에 아주 많다. 그 대표적인 것이 일기 예보다. 일기 예보는 그동안의 통계에 기초해서 작성된다. 가령 똑같은 10번의 조건에서 1번 눈이 왔다면 눈이 올 확률은 10%가 된다. 그런데 이렇게 딱 부러지게 확률이 계산되는 경우는 그리 많지 않다. 가령 9번의 똑같은 조건에서 3번 비가 왔다면 어떻게 될까? 그렇다면 그 확률은 33.33333……%로 무한한 수가 된다. 그러나 실제로 일기예보에서 이렇게 말하는 경우는 없다. 대부분 소수점 이하는 생략하고 33%의 확률이라고 말한다.

이 밖에도 도로의 거리, 축구장에 모인 사람들의 수, 집의 크기 등은 모두 실제 값이 아닌 근삿값이다. 심지어 우리의 나이도 근삿값이다. 지금 내 나이가 16세라고 해도 실제로는 16세 230일 12시간 23분 36초가 될 것이기 때문이다.

유럽의 건물에는 0층이 있다고?

유럽에 처음 여행 가는 사람들 중에는 간혹 건물의 층수를 착각하는 경우가 있다고 한다. 유명한 에펠탑의 경우 3층까지 있는 것으로 표기되어 있는데, 막상 가 보면 총 4층으로 이뤄진 것처럼 보이기 때문이다. 이런 착각이 일어나는 이유는 유럽에서는 일상적으로 우리가 사용하는 층수 표기가 아닌 다른 방식을 사용하기 때문이다.

유럽의 건물에서 1층은 우리나라 건물에서는 2층에 해당

한다. 그렇다면 1층은 어떻게 표기하는 걸까? 유럽에서는 이를 그라운드 플로어라고 하고 0층으로 표기한다. 우리말에도 이에 해당하는 지층이라는 말이 있기는 하나 이를 0층이라고 생각하지는 않는다. 이런 차이가 발생하는 것은 문화적 차이일 수도 있지만, 숫자를 사용하는 데 대한 생각의 차이에서 발생하는 것이 아닐까 생각한다.

우리는 일반적으로 1층을 건물의 첫 번째 층이 시작된다고 생각한다. 그러나 유럽에서는 건물이 층을 더해 가는 구조인 만큼 0층으로 생각하는 것이다. 이렇게 보면 유럽의 층수 표기는 우리보다 좀 더 수학적인 생각을 바탕으로 이뤄진 것으로 보인다. 실제로 정수 표기는 0을 기준으로 양수와 음수로 표기된다. 이를 건물에 대입해 생각해 보면 지하층으로 연결되고 동시에 지상층으로 연결되는 지층을 0층으로 생각하는 것이 합리적이다.

세상에서 가장 쉬운 수학지도

미국 사람들의 키는 왜 줄었다 늘었다 할까?

NBA의 공룡 센터 샤킬 오닐과 테크노 골리앗 최홍만 중에 누가 더 키가 클까? 샤킬 오닐의 키는 7피트 1인치로 알려졌다. 이를 미터법으로 환산하면 215.9cm이다. 반면 최홍만의 키는 218cm로 알려졌다. 따라서 최홍만이 오닐보다 약간 더 크다. 그런데 계산하기에 따라서는 오히려 샤킬 오닐이 최홍만보다 더 클 수도 있다.

1피트는 30.48cm이고 1인치는 $\frac{1}{12}$피트인 2.54cm이다. 따라서 피트법에서는 ±2.54cm 정도의 오차가 발생한다. 다시 말해 샤킬 오닐의 실제 키는 215.9cm보다 작을 수도 있지만, 7피트 2인치(218.44cm)가 조금 안 되는 218.1cm 정도일 수도 있다. 그런데 서양 사람들은 왜 이렇게 부정확한 단위로 길이를 재는 것일까?

사실 피트법은 영국에서 나온 치수법으로, 피트법을 사용하는 나라는 영국의 영향을 받은 영미권 국가들이 대부분이다. 그리고 오늘날 영미권 국가들도 점차 부정확한 피트법을 버리고 미터법을 채택하는 추세다.

한편, 오늘날 일반적으로 사용되는 미터법은 프랑스에서 나왔다. 프랑스 대혁명 후, 프랑스는 도량형을 통일하여 사회적 혼란을 바로잡고 경제적 효율을 도모하기 위해 미터법을 제정했다. 그런데 처음 미터법을 만들 때 1미터의 기준을 어디에 둘 것인가에 대해 의견이 분분했다. 1미터를 1초가 주기인 시계추의 길이로 삼자는 의견과, 적도의 길이를 그 기준으로 삼자는 의견 등이 있었다. 하지만 이러한 주장들은 결국 채택되지 못했다. 파리를 통과하는 자오선(천구상에서 천정, 북점, 남점을 잇는 가상의 큰 원) 상에서 적도에서 북극까지 거리의 1,000만 분의 1이 1미터의 기준으로 정해졌다.

그러나 기준이 만들어졌다고 곧바로 1미터의 길이가 정해진 것은 아니었다. 1792년, 들랑브르와 메솅은 자오선의 거리를 측정하기 위해 각각 남과 북으로 길을 떠나 프랑스의 됭케르크와 파리, 스페인의 바르셀로나로 이어지는 자오선 호의 거리를 쟀다. 그리고 이를 바탕으로 북극과 적도 사이의 거리를 측정해 1미터가 39.37008인치임을 밝혀냈다. 이 기간이 무려 7년이나 되었다.

가위바위보를 잘하는 방법은?

보통 식당을 가면 누군가가 나서서 다른 사람들의 몫까지 대신 계산을 한다. 또 마땅히 낼 사람이 없을 때는 가위바위보를 해서 계산할 사람을 정하기도 한다. 그런데 이상하게도 가위바위보를 했다 하면 걸리던 사람이 또 걸리곤 한다.

가령 두 명이 가위바위보를 한다면 내가 바위를 내고 상대방이 가위를 내면 내가 이기고, 상대방이 바위를 내면 비기고, 상대방이 보를 내면 내가 질 것이다. 그리고 이것은 내가 가위나 보를 내더라도 마찬가지다. 따라서 전체 경우의 수는 나의 경우의 수(3가지)×상대방의 경우의 수(3가지)로 모두 9가지의 경우의 수가 발생한다. 그리고 그 확률은 $\frac{특정 경우의 수}{전체 경우의 수}$ 이므로, 내가 이길 확률은 $\frac{3}{9}$, 즉 $\frac{1}{3}$이 된다. 물론 상대방이 이길 확률 역시 $\frac{1}{3}$이고, 비길 확률도 $\frac{1}{3}$이다. 그런데 우리나라 사람들은 삼세판이 기본이다. 따라서 첫 판을 이기고 다음 판에서도 이길 확률은 첫판에서 승리할 확률×두 번째 판에서 이길 확률인 $\frac{1}{9}$이 된다.

3명이 가위바위보를 할 때도 그 원리는 크게 다르지 않다. 누구나 가위나 바위나 보 중 하나를 선택할 것이기 때문에 전체의 경우의 수는 3×3×3=27이다. 여기서 나 혼자 이기는 경우의 수는 내가 가위를 내면 상대는 모두 보를, 바위를 내면 모두 가위를, 보를 내면 모두 바위를 내는 3가지다. 따라서 그 확률은 $\frac{3}{27}$, 즉 $\frac{1}{9}$이다. 그런데 어차피 한 명의 술래를 뽑기 위해 가위바위보를 하는 것이라면, 나와 다른 사람이 함께 이기더라도 이긴 것으로 생각할 수 있다. 따라서 나와 다른 사람이 가위를 냈을 때 상대는 보를, 바위를 냈을 때 가위를, 보를 냈을 때 바위를 내는 3가지의 경우의 수가 발생한다. 하지만 함께 이기게 되는 사람은 두 사람 중 한 사람이기 때문에 경우의 수는 두 배로 늘어난다. 따라서 3명이 가위바위보를 할 때 이길 확률은 $\frac{1}{9}+\frac{1}{9}+\frac{1}{9}$로 $\frac{1}{3}$이 된다. 물론 이 역시 누구나 이길 확률은 같다.

이처럼 가위바위보의 확률은 모두에게 다 똑같다. 그런데 실제 일어나는 확률은 왜 다를까? 한 연구 조사에 따르면 가위바위보를 할 때 사람들이 가장 선호하는 것이 바위라고 한다. 때문에 실제 게임을 하게 되면 서로 상대가 주먹을 낼 것이라 예측하고 보를 내는 경향이 있다고 한다. 때문에 가위를 내면 이길 확률이 조금 높아진다고 한다.

단골손님이 대우받는 이유는?

만약 이순신 장군이 안 계셨다면 우리 민족의 운명은 어찌 되었을까? 역사에는 가정이 없다지만, 이순신이라는 개인이 왜적으로부터 이 땅을 지키는 데 결정적인 역할을 한 것만은 분명하다. 그런데 이와 같은 논리는 수학 분야에서도 적용된다.

이탈리아의 경제학자 빌프레도 파레토(1848~1923)는 영국의 부와 소득의 유형을 연구하다가 전체 인구의 20%가 전체 부의 80%를 차지한다는 사실을 발견했다. 이와 같은 현상은 다른 나라에서도 비슷하게 일어나고 있었다. 파레토가 발견한 이 현상을 이른바 80대 20의 법칙이라고 한다.

80대 20의 법칙은 사회 전반에 걸쳐 다양하게 나타난다. 보통 20%의 범죄자가 80%의 범죄를 일으킨다고 한다. 또한 20%의 운전자가 80%의 교통 위반을 저지르며, 특정 기업이 국가 경제를 책임진다고 한다. 이는 수많은 노래 중에 몇 개의 노래만이 애창곡으로 불린다거나, 게임방에 있는 손님 중의 대부분이 특정 게임만을 하는 현상과도 일맥상통한다.

80대 20 법칙은 기업 활동 전반에 걸쳐서도 두드러지게 나타난다. 보통 20%의 유능한 사원이 일의 80%를 수행한

다고 한다. 또한 20%의 고객이 매출의 80%를 책임지며, 회사의 다양한 상품 중에 20%의 전략 상품이 매출의 80%를 발생시킨다고 한다. 그래서 회사는 우수한 사원을 육성하기 위해 투자를 아끼지 않으며, 우수 고객을 놓치지 않기 위해 다양한 할인 혜택을 마련한다. 또한 전략 상품을 홍보하는 데 막대한 광고비를 쏟아붓기도 한다.

한편, 이런 80대 20 법칙에서 아이디어를 얻어 큰 성공을 거둔 경우도 있다. IBM사는 컴퓨터 사용자들이 많이 쓰는 20%의 운영 코드를 사용하기 쉽게 만든 시스템360 OS로 큰 성공을 거두었고, 마이크로소프트사의 윈도우 역시 이런 맥락에서 탄생된 것이다.

평균에는 함정이 있다?

2007년 우리나라의 1인당 국민 소득이 2만 달러를 넘었던 적이 있었다. 여기서 2만 달러는 1달러당 환율을 1,200원만 잡아도 2,400만 원이나 되는 큰돈이다. 청년 실업률이 증가하고 수많은 비정규직이 늘어나는 가운데 어떻게 이런 수치가 나온 걸까? 더군다나 1인당 국민 소득은 돈을 벌지 않는 어린이와 노인도 포함된 전 국민의 평균 소득 값이다.

여기에는 평균의 함정이 숨어 있다. 가령 1인당 국민 소득이 5천 달러인 나라와 2만 달러인 나라가 있다. 두 나라 중 어느 나라의 국민이 더 잘살고 있다고 할 수 있을까? 당연히 국민 소득이 2만 달러인 나라 사람들이라고 생각하겠지만 실상은 모른다. A나라 국민은 모두 똑같이 5천 달러씩 벌고 있지만, B나라에서는 대부분이 배를 굶주리는 가운데 몇몇 사람들만 엄청난 돈을 벌고 있을지도 모르는 것이다.

이런 평균의 함정은 다양한 분야에서 나타난다. 예를 들어 어떤 시험에서 한 사람은 평균 70점을 맞고 다른 사람은 평균 80점을 맞았다. 그런데 80점을 맞은 사람은 시험에서 떨어졌다. 도대체 어떻게 된 일일까? 그 이유는 평균 80점을 맞은 사람은 다른 과목에서는 모두 좋은 성적을 거두고도 유독 한 과목에서는 낙제를 맞았기 때문이다. 이 밖에 우리나라 농구 대표팀의 평균 신장이 223cm의 센터 하승진 선수의 참가 유무에 따라 오르락내리락한다거나, 단 한 경기의 부진으로 박찬호 선수의 방어율이 치솟는 것 역시 평균의 함정이다.

이런 평균의 함정에도 불구하고 우리는 지나치게 평균에 집착한다. 학창 시절에는 반 평균에 미치지 못하는 자기 성적에 자책하기도 하고, 성장기에는 평균 신장에 미치지 못

하는 자신의 키에 좌절한다. 이대로 가다가는 노인이 되어선 평균 수명에 집착하게 될지도 모른다.

왜 물보다 다이아몬드가 더 비쌀까?

만약 물이 없다면 우리는 결코 살아남지 못할 것이다. 이에 반해 다이아몬드가 없다고 해서 우리가 사는 데는 아무런 지장이 없다. 그럼에도 다이아몬드가 물보다 비싼 이유는 무엇일까?

가격은 한계 효용에 따라 결정된다. 한계 효용이란 어떤 재화를 추가적으로 구입할 때 얻어지는 효용을 말한다. 예를 들어 허기진 사람에게 첫 번째 햄버거는 높은 한계 효용을 발휘한다. 그래서 이 사람은 비싼 가격을 주고서라도 햄버거를 구입하려 할 것이다. 그러나 두 번째 햄버거의 한계 효용은 첫 번째 햄버거보다 못하다. 이미 어느 정도 배가 찬 뒤이기 때문에 굳이 비싼 가격을 주고 햄버거를 구입하려 하지 않는 것이다. 그리고 세 번째 햄버거부터는 그 한계 효용이 급격히 떨어질 것이고, 급기야 0에 근접하게 될 것이다. 이것이 바로 한계 효용 체감의 법칙이다.

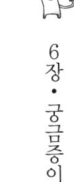

이처럼 공급이 증가할수록 그 가격은 하락한다. 그리고 만약 다이아몬드가 물과 같이 흔하다면 다이아몬드의 한계 효용은 물보다도 낮을 것이다. 마치 사방에 널린 자갈처럼 말이다.

물질의 가치를 나타내는 화폐 역시 한계 효용 체감의 법칙에서 예외가 되지 못한다. 만약 은행에서 마구 화폐를 찍어 낸다면 그 한계 효용은 감소하게 될 것이고 화폐의 가치도 하락한다. 실제로 1차 세계대전 직후, 전쟁에서 패한 독일은 연합국에게 보상금을 갚기 위해 화폐를 마구 찍어 낸 적이 있었다. 그 결과 독일 화폐는 화폐로서의 가치를 잃고 말았다.

사다리 타기는 왜 모두가 다른 길을 갈까?

테이블 위에 놓인 이성의 소지품들 중 하나를 집어 그 소지품의 주인과 짝이 되는 방법은 미팅에서 흔히 쓰는 짝짓기 방법이다. 그런데 만일 누군가가 다른 사람의 소지품을 대신 내놓거나, 이미 다른 사람이 선택한 소지품을 자기가 먼저 집었다고 우긴다면 그야말로 미팅은 엉망이 되고 말 것이다. 즉, 하나의 선택은 하나의 결과로 귀결되어야 하고, 두 개의 다른 선택이 같은 결과를 발생시킬 수는 없는 것이다. 이것이 바로 함수의 원리이다.

함수란 독립 변수에 어떤 값이 주어졌을 때, 어떤 종속 변수의 값이 나오는 관계를 말한다. 예를 들어 선택할 수 있는 독립 변수를 x라 하고 결과를 나타내는 종속 변수를 y라고 하자. 그리고 $y=2x+10$이라는 함수 관계가 주어졌을 때, x값에 10을 대입하면 y는 20이 된다. 그런데 10 이외에는 x값에 그 어떤 수를 대입하더라도 y값은 20이 될 수 없다. 물론 식에서 정한 규칙을 깨고 엉뚱한 수를 더하거나 빼서 20을 만들 수는 있다. 하지만 이는 자판기에 동전을 넣고 콜라를 선택했는데, 기계가 고장이 나는 바람에 엉뚱한 오렌지 주스가 나오는 것과 같은 이치일 뿐이다.

사다리 타기도 하나의 함수식이다. 때문에 사다리를 아무리 복잡하게 그리더라도 출발점이 다르다면 목적지 또한 절대 중복되지 않는다. 만약 5개의 출발점과 5개의 도착점이 있는 사다리가 있다면, 5개의 시작점이 독립 변수 x의 정의역이 되고, 5개의 도착점은 종속 변수 y의 치역이 된다. 그리고 세로선 사이에 그려진 수많은 선들은 독립 변수 x의 형태다. 따라서 어떤 시작점은 어떤 도착점과 일대일로 대응될 수밖에 없다. 사다리에 수많은 선을 더 그어 넣더라도 그 결과는 바뀔지언정, 예상치 못한 제3의 도착점이 발생된다거나 도착점이 중복되는 일은 일어나지 않는다.

시간은 왜 돈일까?

금융이 발달하고 증권시장이 넓어지면서 사람들의 관심은 은행 상품들에서 멀어졌다. 그러나 2008년 금융 위기가 터지면서 다시 은행 상품들이 사람들의 관심사가 되고 있다. 그중에서도 가장 큰 관심을 끄는 것은 역시 복리 관련 상품들이다.

복리란 이자에 이자가 붙는 방식을 일컫는 말인데, 일반적인 단리에 비해 얻을 수 있는 이익이 많다. 예를 들어 은

행에 저금한 돈이 10만 원일 경우 연 5%의 이자가 매번 붙는다고 가정해 보자. 첫해에는 원금에 5%의 이자가 붙어 은행 잔고는 10만 5천 원이 될 것이다. 그러나 다음 해에는 원금 10만 원이 아니라, 지난해 잔고 10만 5천 원에 이자가 붙게 되어 돈은 어느새 11만 250원이 된다. 이를 계속해 나가면 약 144년 후에는 1억을 넘기게 된다. 단리로 계산했을 때 1억을 넘기게 되는 것이 200년 후라고 생각해 보면 복리가 훨씬 이익이라는 것을 쉽게 알 수 있다.

이렇듯 복리는 그 구조상 시간이 지날수록 이익이 점점 불어나는 모습을 보여 주고 있다. 이를 보면 우리가 흔히 말하는 '시간은 돈이다.' 라는 속담은 복리를 두고 한 말 같다. 물론 이는 시간을 허비하지 말라는 의미이지만 말이다.

A4용지는 왜 하필 210mm × 297mm일까?

급하게 프린터로 출력을 해야 하는데 A4용지가 뚝 떨어져 버렸다. 그리고 마침 책상 위에 스케치북이 놓여 있다면, 물론 급한 대로 스케치북 종이를 A4용지 규격으로 잘라 출력하면 될 것이다. 그런데 A4 규격으로 종이를 자르기는 여간 까다로운 게 아니다. A4용지의 규격은 210mm×297mm이므로 A4용지를 만들려면 mm 단위까지 정밀하게 재야 하는 것이다. 그런데 왜 하필 A4용지의 규격은 210mm×297mm일까?

공장에서 A4용지를 만들 때 처음부터 그 규격대로 만드는 것은 아니다. 커다란 전지의 형태로 종이를 만든 뒤 규격에 맞게 자르는 것이다. A4용지를 만드는 데 쓰이는 전지는 841mm×1,189mm 크기로 A0용지로 부른다. 그리고 여기서 반을 잘라 만든 것이 A1용지이고, A2용지는 A1용지를 반으로 잘라 만든다. 마찬가지로 A4용지는 A2용지 절반 크기의 A3용지를 반으로 잘라 만든 것이다. 그런데 신기하게도 이렇게 계속해서 반으로 자르더라도 종이의 크기는 달라질지언정, 가로와 세로의 비율은 일정하게 유지된다. 그리고 이것이 바로 A4용지의 크기가 210mm×297mm인 이유다.

만약 전지의 가로, 세로 길이의 비를 $x:1$이라고 한다면, 이것을 반으로 자른 종이의 비는 $1:\frac{x}{2}$이다. 그리고 이렇게 해서 만들어진 두 직사각형이 닮은꼴이 되려면 비례식 $x:1 = 1:\frac{x}{2}$가 성립되어야 한다. 따라서 $x=\sqrt{2}$가 되어야 하고 $\sqrt{2}$를 환산하면 1.414……가 되는데, A4용지의 비율이 바로 1:1.414인 것이다.

그런데 만약 A4용지의 크기를 간편하게 200mm× 300mm로 만들면 어떻게 될까? A4용지가 200mm× 300mm이라면 그 비율은 2:3이 된다. 그리고 이것을 반으로 자른 용지의 크기는 200mm×150mm로 그 비율이 2:1.5가 되어 버린다. 물론 이렇게 자를 때마다 비율이 달라져 버린다면 보기에도 좋지 않고 사용하는 데도 불편할 것이다. 또한 비율을 맞추기 위해서는 종이를 잘라 내야 하는데, 그러면 불필요하게 종이가 낭비될 것이다.

축구공은 둥글지 않다?

2010년 남아공 월드컵이 코앞에 다가왔다. 월드컵이 다가오면 월드컵 본선 진출 팀들에 대한 관심이 가장 높지만, 그에 못지않게 월드컵 공인구에 대한 관심도 높아진다. 공인구의 디자인은 어떤지, 공의 반발력은 얼마나 되는지 등에 대한 관심에서부터 축구 선수들이 직접 공을 차 본 소감에 이르기까지 월드컵 공인구에 대한 여러 이야기들이 쏟아져 나온다.

그런데 클래식한 축구공은 물론이고 최근의 월드컵 공인

구들을 눈여겨보면 표면에 오각형들이 자리 잡고 있는 것을 살펴볼 수 있다. 사실을 말하자면 축구공은 매끄러운 구가 아니라 깎인 정20면체다. 축구공은 깎인 정20면체를 가죽으로 만들어 공기를 넣어 부풀린 것이다. 겉보기에는 둥글게 보이지만 여러 면을 가진 입체인 것이다. 이렇게 깎인 정20면체를 축구공으로 만드는 이유는 충격에도 강하고 내구성이 좋기 때문이라고 한다. 또한 축구 경기에서 선수들이 공을 찰 때 발생하는 공의 움직임 효과도 다양해진다. 어떤 부위를 어떻게 차느냐에 따라 공에 회전이 생기기도 하고, 공기와의 마찰을 통해 휘어지기도 하는 것이다. 호베르투 카를로스의 UFO 슛팅이나 크리스티아누 호날두의 무회전 슛팅도 이런 축구공의 특성이 없다면 불가능한 것이다.

참고로 깎인 정20면체를 만드는 법을 소개하면 다음과 같다. 20개의 정삼각형과 12개의 꼭지점으로 이루어져 있는 정20면체에서 각 모서리를 3등분하고, 각 꼭지점을 중심으로 잘라 내면 깎인 정20면체를 만들어 낼 수 있다.

전자여권에서 지문 인식을 사용하는 이유는?

최근에 신제품으로 나오는 노트북 컴퓨터 중에는 지문 인식 센서가 부착된 제품들이 많이 나온다. 이는 개인정보 보호와 도난 방지 등 보안에 대한 사람들의 인식이 높아진 것에 발맞춰 일어나는 현상이라고 생각된다.

사실 지문은 각 개인의 특성을 판단하는 정보로 이미 사용되고 있다. 주민등록증의 뒷면을 살펴보면 지문이 프린트되어 있고, 새롭게 사용되기 시작한 전자여권에서도 지문 정보가 중요하게 다뤄진다. 이렇게 지문이 한 사람의 특성을 구분하는 중요한 자료로 활용되는 이유는 같은 지문을 가진 사람이 나올 확률이 수학적으로 10억 분의 1밖에 안되기 때문이다. 또한 지문은 사람이 태어나 죽을 때까지 평생 동안 변함이 없기 때문에 개개인을 구분하는 정보로서 높은 가치를 지닌다.

그렇지만 지문도 생체 정보로서 단점을 가지고 있다. 손을 쓰는 격한 노동을 오랫동안 하거나, 화학 약품에 의해 손가락의 피부가 녹아 버리면 지문도 사라진다. 그 외에 지문 정보를 악용하려는 사람들에 의해 나쁜 일에 쓰일 수 있는 점도 문제다. 기술 수준은 이미 지문을 복사해 장갑 같은 것에 복제 지문을 만들 수 있는 수준이 되었는데, 정부는 이를 디지털 정보로 만들어 개인을 구분하려고 하기 때문이다. 자칫 잘못하면 지문을 도둑맞는 경우가 발생할 수도 있다. 그런 까닭에 최근에는 지문 이외에 홍체 인식 등의 다른 생체 정보를 병행해서 사용하려는 움직임이 일고 있다.

바코드가 안전장치라고?

기술의 발달로 우리는 이제 마트에서 물건을 살 때 계산 때문에 기다리는 시간을 단축할 수 있게 되었다. 바코드를 읽어 내는 스캐너를 사용하여 자동으로 가격이 입력되고 합산까지 되기 때문이다.

여기서 말하는 바코드란 제품에 붙어 있는 막대 모양이

연속해 그려진 코드를 말하는 것이다. 여기에는 제조 국가, 제조 회사, 제품과 관련된 정보가 기록되어 있다. 이 외에도 체크 숫자라는 것이 기록되어 있다.

체크 숫자를 바코드에 넣은 이유는 바코드가 상하거나 혹은 문제가 있을 때 발생될 일들을 사전에 방지하기 위해서다. 그런 점에서 바코드의 체크 숫자는 일종의 안전장치라고 할 수 있다. 체크 숫자를 만드는 원리는 간단하다. 우리나라에서 사용하는 바코드는 유럽 방식을 그대로 사용하고 있는데, 전체 13자리로 되어 있다. 이 13자리 중 마지막 자리가 체크 숫자인데, 앞의 12자리 중 홀수 자리는 그대로 더하고 짝수 자리는 다 더한 후 3을 곱한 다음, 두 전체의 합이 10의 배수가 되도록 체크 숫자를 결정하면 된다. 예를 들어 홀수 자리의 수를 더한 수와 짝수 자리를 더해 3을 곱한 수를 합해 73이 나왔다고 하면 체크 숫자는 7이 되는 것이다. 바코드가 상하거나 문제가 생겼을 때, 그래서 바코드 스캐너가 10의 배수가 아닌 수로 읽어 낼 경우 오류를 알아낼 수 있는 것이다.

이렇듯 안전을 고려해서 만든 바코드지만 최근에는 IC칩을 이용한 새로운 기술이 나와 가까운 미래에는 바코드를 보지 못하게 될 수도 있다고 한다.

여론조사는 과연 정확한가?

하다못해 반장 선거를 할 때도 막상 개표를 해 보기 전까지는 누가 반장이 될지 모른다. 그런데 요즘은 투표도 하기 전에 누가 우리 지역의 일꾼이 될지, 혹은 누가 우리나라의 대통령이 될지를 예측할 수 있다. 바로 여론조사에 의해서다. 그리고 그 예측은 적중률이 상당히 높다.

여론조사는 음식의 간을 보는 것과 같다. 그런데 한 번 간을 보고 그 음식의 맛을 정확히 파악하기란 힘들다. 간혹 소금이 뭉쳐 있을 수도 있고, 겉보기와는 달리 고기의 속살이 다 익지 않았을 수도 있기 때문이다. 따라서 정확한 맛을 파악하기 위해서는 골고루 여러 번 간을 봐야 할 것이다. 여론조사도 마찬가지다. 여론조사의 정확도는 얼마나 많은 표본을 대상으로 삼느냐에 달려 있다. 가령 주사위를 던져 나올 수 있는 각각의 수의 확률은 이론적으로 모두 같다. 그러나 6번을 던져 1에서 6까지의 숫자가 모두 한 번씩 나오기는 힘들다. 반면 수 백, 수천 번 주사위를 던져 보면 각각의 수가 나오는 비율은 거의 같아지게 된다. 바로 이것이 여론조사의 표본을 늘려야 하는 이유다.

그런데 표본이 많다고 무조건 그 정확도가 높아지는 것만도 아니다. 가령 평일 낮에 집 전화로 여론조사를 했다고 치

자. 그렇다면 여론조사에 응하는 사람들은 대부분 주부나 노인이 될 것이고, 그들의 기호에 맞는 후보자의 지지율이 실제 지지율보다 높게 나올 것이다. 따라서 여론조사의 표본을 정하기 위해서는 인구의 비율과 성별, 그리고 지역 간의 관계 등이 모두 적절하게 고려되어야 한다.

한편, 여론조사의 결과는 신뢰 수준과 표본 오차라는 것과 함께 발표된다. 가령 'A후보의 지지도 40%, 95%의 신뢰도에 표본 오차가 ±1.5%'라면 A후보의 지지도가 38.5~41.5% 사이에 있음을 뜻한다. 또 95%의 신뢰도란 같은 조사를 100번 했을 때 95번은 같은 결과가 나온다는 것을 의미한다.

탈세를 했는지 알려면 장부의 첫자리 수를 보면 된다?

TV를 보다 보면 대기업이나 부유층이 탈세를 하여 검찰에 소환되었다는 뉴스를 종종 접하곤 한다. 그런데 그런 뉴스를 볼 때마다 대기업에서 일하는 사람이나 부유층 사람들이 바보도 아니고 꽤나 머리를 굴려서 자료를 조작했을 법한데, 어떤 방법으로 그걸 알아냈을까 하는 궁금증이 들기도 한다. 이러한 탈세를 잡아 내는 방법 중 하나가 벤포드 법칙이다.

미국의 물리학자 프랭크 벤포드는 1938년 어느 날, 로그 변환표에서 유난히 1로 시작되는 페이지가 다른 페이지에 비해서 많이 참조된 것을 발견하고는 호기심을 갖게 되었다. 그는 잡지의 기수 수, 스포츠 통계 등 서로 관련이 없는 데이터들로부터 수학적인 확률 분석을 했다.

어떤 데이터든지 그 자료의 첫자리는 1에서 9 가운데 하나가 나올 것이다. 벤포드에 의하면 첫자리에 나올 수들은 일종의 분포를 갖는다고 한다. 1일 경우 30.1%, 2일 경우 17.6%, 3일 경우 12.5% 순으로 가장 많은 분포를 가지고, 9로 시작하는 경우가 가장 적은 4.5%가 나온다고 한다. 이러한 결과는 매우 놀라운 것이었다. 모든 경우에서 1이 나올 경우가 가장 많다는 것이 밝혀졌기 때문이다. 이것을 벤포드 법칙이라고 하며 첫자리 법칙이라고도 한다.

  이 법칙을 실제 탈세를 잡는 데 응용한 사람으로는 마크 니르기니 박사가 있다. 그는 벤포드 법칙에 나타난 분포 및 빈도에 맞으면 그 수치는 정확한 것이고, 그에 많이 벗어날 경우 그 수치를 조작한 것으로 보아 세무 감사를 추천했다. 물론 결과는 성공적이었다. 이렇게 위조한 수치를 파악할 수 있는 가장 큰 이유는 대개 숫자를 위조할 경우 사람들이 의식적으로 숫자를 균등하게 분배하려고 애쓰기 때문이라고 한다.

  이런 성과 덕분에 현재 미국 캘리포니아를 비롯한 몇몇 주는 이를 활용해 횡령이나 탈세자를 알아내는 데 사용하고 있다고 한다.

돔은 어떤 힘으로 압력을 버틸까?

  월드 베이스볼 클래식이 끝나고 국내 야구팬들은 돔구장 건립의 필요성에 대해 공감대를 형성했다. 돔구장이 있어야 비가 오나 눈이 오나 날씨에 구애받지 않고 야구 선수들이 좋은 경기력을 선보일 수 있고, 나아가 매번 원정 경기를 치러야 했던 월드 베이스볼 클래식을 유치하게 될 수도 있기 때문이다.

돔은 둥근 모양의 지붕으로, 건물의 내부 공간에 기둥을 세우지 않고 넓은 공간을 만들어 낼 수 있는 장점을 지닌 지붕 구조를 말한다. 그렇다면 이렇게 편리함을 주는 돔은 어떤 힘으로 압력을 버텨 내는 것일까?

먼저 우리에게 가장 잘 알려진 지오데식 돔을 살펴보자. 지오데식 돔은 미국의 발명가 리차드 벅민스터가 발명한 돔 구조인데, 축구공과 마찬가지로 정20면체에 기초해 있다. 정20면체의 각 모서리를 4등분하여 여러 개의 정삼각형으

로 나눈 뒤, 이를 구에 내접시킨 것이 지오데식 돔이다. 그 모습이 구와 매우 흡사한데 뼈대는 모두 삼각형으로 이뤄져 있다. 삼각형은 어떤 힘이 가해졌을 때 잘 분산시킬 수 있는 구조이다. 그런 점에서 사각형과 달리 변형될 우려가 적어 튼튼한 구조를 만들 수 있다. 지오데식 돔은 이런 장점 때문에 경기장이나 전시장에서 많이 쓰이고 있다.

지오데식 돔에서 보여 주었던 삼각형의 구조적 안정성은 지오데식 돔이 아닌 단순히 지붕을 덮는 형태의 돔에서도 사용된다. 삼각형의 힘을 빌리지 않는 돔의 구조도 물론 있다. 우리에게 가장 잘 알려진 돔 형태는 최근 우리나라 돔구장 건설 모델로 언급되는 일본의 도쿄돔이다. 도쿄돔의 돔은 실내와 실외의 기압 차를 이용해 돔의 무게를 견디는 구조로 설계되어 있다고 한다. 이 외에도 여러 다양한 돔이 있지만 여기서는 이 정도만 살펴보도록 하자.

비눗방울에 숨어 있는 자연의 힘은 뭘까?

최근 PC 게임이나 휴대용 비디오 게임 등이 발달하다 보니 주위의 여러 사물을 이용해 놀이를 하는 아이들을 거의 볼 수 없다. 비눗방울 놀이도 그중 하나라고 할 수 있다. 비눗방울 놀이는 비누 거품을 모아 공기를 넣어 공기 중에 비눗방울을 날리고 터뜨리면서 하는 놀이다.

이때 공기 중에 일어나는 비눗방울을 잘 관찰해 보면, 어떤 형체를 띠기도 힘들 것 같은데 동그랗게 거품의 막이 형성되는 것을 볼 수 있다. 이렇게 막이 만들어지는 현상은 수학적으로 설명할 수 있는데, 표면 장력이 그것이다. 표면 장력이란 가능한 한 형태를 이루는 표면의 면적을 작게 하려는 방향으로 움직이는 힘이다. 이에 따르면 비눗방울은 공기의 표면적이 최저가 되도록 공기를 감싸고 있는 형태인 것이다.

또한 동그란 비눗방울이 거품끼리 모였을 때 형태가 변형되는 이유도 표면 장력과 관련이 있다. 거품이 모이면 거품과 거품 사이에 120도로 접하는 부분이 생긴다. 이를 삼중접점이라고 부른다. 이 접점에서는 원의 각도를 점에 접하는 선분 3개가 나누는 꼴이 되어 각각 120도가 되는 것이다. 때문에 이 접점을 자연의 평형점이라고 하는데, 자연에서도 이 평형점을 통해 사물들의 구조적 안정성이 유지된다고 하여 이렇게 부른다.

현수교의 모양은 포물선일까?

세계적인 공항인 인천공항을 향해 가다 보면 서해를 가르는 영종대교를 건너가게 된다. 영종대교는 길이 4.42킬로미터, 폭 35미터, 주탑의 높이 107미터인 거대한 교량으로 철도와 도로가 복합되어 있는 다리이다. 그리고 다리 중심부에 있는 현수교 부분은 바다의 경관과 잘 어우러져 아름다운 모습을 뽐내고 있다.

현수교는 현수선에서 유래한 명칭인데, 현수선이란 줄의 양 끝을 같은 높이에서 고정시켜 놓고 가운데를 자연스럽게 늘어뜨릴 때 생기는 곡선을 말한다. 목걸이를 목에 걸기 전에 잠금 고리가 달린 양 끝을 잡고 자연스럽게 목걸이를 늘어뜨린 모양을 상상하면 쉽게 이해할 수 있을 것이다. 반면 포물선은 물체를 공중에 비스듬히 던졌을 때 얻어지는 곡선을 말한다. 이 둘은 모양이 약간 다를 뿐만 아니라 수학의 식으로 나타내면 서로 다르게 표현된다.

하지만 우리 눈에 비친 현수교의 모습이나 포물선의 모양이 크게 다르지 않아 보인다. 뛰어난 과학자이자 수학자였던 갈릴레이조차 현수선과 포물선을 구분하지 못했다고 하니, 이해를 못할 일도 아니다. 실제로 현수교를 지나가면서 잘 관찰해 보면 현수교의 줄이 그리고 있는 선의 모양은 포

물선에 가깝다. 이는 현수선이나 포물선이 거의 비슷한 모양이기 때문만이 아니라, 현수교가 만들어지는 과정에도 이유가 있다. 현수교는 다리의 한 주탑에서 다른 주탑까지 케이블 줄을 연결한 후 일정한 간격으로 줄을 설치하여 다리의 상판에 연결시켜 만들기 때문에 이 과정에서 순수한 현수선은 변형되어 더욱더 포물선 모양으로 변해 버리는 것이다.

스키 선수들이 활강할 때 지그재그로 내려오는 이유는?

동계 올림픽 스키 종목에는 활강이 있다. 이 종목에서 스키 선수들은 누가 빨리 골인 지점까지 내려오는가를 겨룬다. 이때 우리는 선수들이 스키를 타고 내려올 때 지그재그로 내려오는 모습을 볼 수 있다. 겉보기에 이는 그냥 스키를 타는 기술로 보이지만, 여기에도 숨어 있는 수학적인 이유가 있다. 스키 선수들이 스키를 지그재그로 타는 이유는 스키장 슬로프의 등고선과 수직이 되는 방향으로 내려오려고 하기 때문이다. 스키 선수들이 이렇게 슬로프의 등고선에 수직이 되는 방향으로 활강하는 이유는 바로 이 방향이

세상에서 가장 쉬운 수학지도

 가장 경사가 가팔라서 그 지점을 통과하면 가장 빠르게 내려올 수 있기 때문이다. 즉, 스키 활강에 가장 효율적인 동선을 그리며 골인 지점에 도달할 수 있게 되는 것이다.
 물론 스키 선수 각자가 얼마나 스키를 잘 다루는지도 스키 활강의 승부를 결정하는 요소가 된다. 왜냐하면 담력과 스키 실력이 동반되지 않으면 아무리 빨리 내려올 수 있는 지름길이라고 해도 가파르고 위험해서 스키를 타고 내려올 수 없기 때문이다.

휴대전화를 도청하는 것은 가능할까?

몇 년 전 휴대전화 도청이 기술적으로 가능한지 그렇지 않은지를 두고 정부와 국회 사이에 논쟁이 벌어진 적이 있다. 도청하지 않고서는 알 수 없는 정보들을 정부에서 알고 있었기 때문에 벌어진 일이었다.

사실 우리나라에서 휴대전화 기술로 채택하고 있는 CDMA 방식은 매우 독특한 방식이라 이를 도청하는 것은 매우 어렵다. CDMA 방식은 우리가 전화할 때의 음성 정보를 여러 개의 코드로 분할해서 채택하고 있는 주파수 내에서 무작위로 퍼뜨린다. 그 뒤 전화를 받는 상대의 단말기에서 이를 수집해 음성 정보로 바꾸어 준다. 이는 고도로 발전된 수학적 기술의 결정체나 다름없다. 문제는 정보를 분할해서 주파수에 띄워 보내는 방법 자체가 기업 비밀로 되어 있어 이는 국정원에서도 알지 못한다. 그런데 정부는 어떻게 통화 내용을 알 수 있었을까?

그것은 CDMA의 허점을 이용했기에 가능했다. 휴대전화 단말기에서 기지국으로 가는 정보를 도중에 채집한 것이다. CDMA 기술에서 정보를 코드로 나누는 작업은 기지국을 거쳐야만 완벽하게 이뤄지기 때문이다. 즉, 도청하려는 대상 아주 가까이에서 고성능 기기로 도청을 한 것이다. 그렇게 하지 않으면 도청은 불가능하다.

참고로 통신회사에서 우리가 휴대전화를 얼마만큼 썼는지, 또 쓴 사람이 누구인지 헷갈리지 않고 정확하게 아는 것은 휴대전화에 내장된 SIM 칩 때문이다. 그 칩에 우리 전화번호 및 단말기 정보가 입력되어 있어 수많은 정보가 오가는 중에도 각자의 정보를 구분해 내는 것이다.

정말 로또에 당첨될 확률이 벼락을 맞을 확률만큼 낮을까?

매주 TV에서는 어김없이 로또 복권을 추첨하고 벼락부자들이 생겨난다. 그들의 모습을 보면서 나도 한번 복권을 사 볼까 하는 생각을 한 번쯤은 해 보게 된다. 하지만 로또 복권에 당첨되는 것이 벼락에 맞아 죽을 확률만큼 낮다는 말을 듣는다면, 이내 복권 사기를 포기하고 말 것이다. 그런데 정말 로또 복권에 당첨되는 일이 그 정도로 어려운 일일까?

우리나라의 로또는 1에서 45의 숫자 중에서 추첨된 6개의 숫자를 모두 맞히면 당첨되는 방식을 따른다. 따라서 처음 45개의 번호 중 하나를 선택했을 때 그것이 6개의 당첨

번호 중의 하나일 확률은 $\frac{6}{45}$이다. 마찬가지로 두 번째 선택 시에는 남은 44개의 번호 안에 있는 5개의 번호 중 하나를 선택하면 되기 때문에 그 확률은 $\frac{5}{44}$이다. 이런 식으로 계산하면, 각각 6번의 선택 확률이 구해진다. 물론 이 모든 것이 한 번에 이루어져야 하기 때문에, 각각에 구해진 확률들을 곱하면 로또 복권 1등에 당첨될 확률을 구할 수 있다.

따라서 당첨될 확률은 $\frac{6}{45} \times \frac{5}{44} \times \frac{4}{43} \times \frac{3}{42} \times \frac{2}{41} \times \frac{1}{40} = \frac{720}{5,864,443,200}$이다. 약분해서 814만 5060분의 1이라는 수치가 나온다.

한편, 과학자들은 매년 1천 명 정도의 사람들이 벼락에 맞아 죽는다고 한다. 따라서 세계의 인구를 60억 명 정도라 하면, 벼락에 맞아 죽을 확률은 600만 분의 1이라는 수치가 나온다. 하지만 벼락에 맞을 확률은 장소마다 혹은 기후 조건에 따라 각기 다르다. 더구나 오늘날처럼 곳곳에 피뢰침이 세워진 상황에서 밖에 나가지 않고 집에만 머문다면 번개를 맞을 확률은 더욱 낮아질 것이다.

이에 반해 로또의 추첨은 일주일에 한 번씩 이루어지기 때문에 로또를 매주 산다면, 또 한 번에 여러 장을 산다면 그 확률은 더욱 높아질 것이다. 따라서 로또에 당첨될 확률과 벼락에 맞아 죽을 확률을 단순 비교하기는 곤란하다. 다만 814만 5060분의 1의 확률은 실로 엄청난 것이어서, 어떤 사람이 1천 원짜리 로또 복권을 매주 5만 원씩 구입한다면 3,120년 동안 복권을 사야 그 사이에 한 번 1등에 당첨될 수 있다고 한다.

CHAPTER 7
믿거나 말거나 기묘한 수학세상

4는 정말 불길한 숫자일까?

우리나라에 온 외국인들이 가장 당황하는 일 중 하나가 엘리베이터를 탔을 때 4층 대신에 F층이 있는 경우라고 한다. 영어를 아는 외국인이라면 F가 4층(Fourth)을 뜻한다는 것을 모를 리 없겠지만, 다른 층들은 모두 아라비아 숫자로 표기되어 있는데 유독 4층만 F층으로 표기되어 있으면 아무리 영어를 잘하더라도 당황할 법하다.

건물의 4층을 F층으로 표기하는 이유는 4라는 숫자가 죽을 사(死) 자와 음이 같다 하여 불길하게 여기기 때문이다. 그런데 정말 4라는 숫자가 불길한 숫자일까?

숫자 4를 불길한 숫자라고 여기는 나라는 같은 한자 문화권인 중국과 일본, 그리고 한국뿐이다. 오히려 다른 나라에서는 숫자 4가 비교적 좋은 대접을 받고 있다. 고대 수학자 피타고라스는 숫자 4를 가장 안전한 숫자라고 호평했으며, 아프리카에서는 4라는 숫자가 동서남북을 모두 내포하고 있다고 하여 길한 숫자로 여긴다. 또한 이슬람 문화권에서도 숫자 4를 완벽한 형태의 숫자라 하여 각종 제도에 4를 응용하기도 한다.

그런데 우리가 숫자 4를 싫어하는 것처럼 나라마다 문화마다 싫어하는 숫자가 따로 있다. 특히 기독교 문화권인 서

양에서는 예수 그리스도가 마지막 만찬을 열었을 때 그 자리에 있던 사람이 예수를 포함해 모두 13명이었다는 이유로 13이라는 숫자를 극도로 싫어한다. 더군다나 예수가 십자가에 못 박힌 날이 13일의 금요일이란 이유로 특히나 13일의 금요일을 매우 불길한 날로 여긴다.

한편, 싫어하는 숫자가 있으면 좋아하는 숫자도 있는 법이다. 서양 사람들은 하느님이 6일 동안 세상을 만들고 7일째에 쉬었다는 이유를 들어 숫자 7을 좋아한다. 이에 반해 중국 사람들은 숫자 8이 돈을 모은다는 의미의 한자어와 그 발음이 같다 하여 숫자 8을 가장 좋아한다고 한다.

우주인들은 무슨 기준으로 시간을 알 수 있을까?

2008년 4월 8일, 우주선 소유즈가 힘찬 로켓 엔진 연기를 뿜으며 우주로 날아올랐다. 거기엔 우리나라 최초의 우주인 이소연 씨가 타고 있었다. 우리나라가 세계에서 36번째로 우주인을 배출하는 순간이었다. 우주로 올라간 이소연 씨는 함께 타고 간 우주인들과 국제우주정거장에서 여러 가지 우주 관련 연구를 하였다. 그런데 우주정거장에서 일상생활을 보내게 되는 우주인들은 지구에서처럼 낮과 밤이 없는 상황에서 어떤 시간을 기준으로 생활을 하는 것일까?

현재 우주인들이 사용하고 있는 우주 표준시는 그리니치 기준시다. 이는 영국의 그리니치를 중심으로 시간을 나눈 것으로 현재 항공 시간으로 쓰고 있는 시간이다. 물론 이 기준이 정해진 것은 최근에 와서다. 그 이전에는 다른 기준 시간을 사용했었다. 소련의 경우 수도인 모스크바의 시간을 기준 시간으로 사용했었고, 미국은 우주선이 카운트다운을 끝내고 발사되는 순간부터 시작되는 발사 시간을 기준으로 사용했었다. 이 두 가지 표준시는 각각 문제점이 있었다. 모스크바의 시간은 여러 나라가 우주 표준시로 쓰기 힘들었고, 발사 시간 기준시는 발사된 우주선이 여러 대일 경우 공통적으로 사용할 시간을 따지는 게 복잡했다. 그래서 여러 나라가 우주에서 활동하기 위해서 일단은 세계적으로 항공 표준시로 인정된 그리니치 기준시를 쓰게 된 것이다. 그러나 이것도 임시방편에 불과하다. 그리니치 기준시를 우주 표준 시간으로 계속 사용하기에는 문제가 있기 때문이다.

우주 표준시를 정하는 데 어려움이 생기는 까닭은 우주에서의 시간이 지구의 시간과 다른 점들이 있기 때문이다. 지구의 시간은 지구의 자전과 공전을 기준으로 시간을 따지는데, 이는 우주의 시간 기준이라고 볼 수 없다. 우주는 상하도 없고 양옆도 없는 전혀 다른 세계다. 지구는 그러한 우주 속에 있는 작은 행성일 뿐이다. 그런 까닭에 우주 산업이 더욱 발전하게 되면 인류는 좀 더 정확한 우주 표준시를 필요로 하게 될 것이다.

제갈량이 사용한 진법의 정체는?

삼국지에 나오는 유명한 책사 제갈량은 전쟁터에서 군대를 배치할 때, 어떤 진의 비율을 활용해 적들이 보기에 군사 수가 많아 보이도록 만들었다고 한다. 이때 사용된 진이 마방진이다. 이는 중국의 전설에서 최초로 언급되어 있는 일종의 수학적 숫자 배열의 결정체이다.

기원전 2천 년경 하나라의 우왕은 낙수에서 강의 재방 공사를 하고 있었는데, 그 앞에 거북 한 마리가 모습을 드러냈다고 한다. 거북의 등 껍데기에는 점들이 아홉 칸의 진 안에 새겨져 있었다고 한다. 이 그림을 '낙서(洛書)'라고 부르는데 이것이 바로 마방진이다.

낙서에 새겨진 숫자들은 어느 방향으로 더해도 같은 값이 나왔는데, 당시 사람들은 하늘이 거북을 보내 준 것이라 여겨 마방진을 신비한 힘을 가진 것으로 생각했다. 그런 까닭인지 중국을 비롯해 티베트 등 아시아의 여러 나라에서 마방진을 활용한 사례들을 찾아볼 수 있다. 예를 들어 마방진을 대문이나 집 안에 붙여 두면 병에 걸리지 않는다고 믿었고, 더 나아가 우주의 진리를 나타내는 그림으로 여기고 사원에 마방진을 새겨 놓은 경우도 있다.

물론 유럽에서도 마방진의 활용 사례가 발견된다. 점성술에서 활용되기도 하였고, 부적으로 쓰인 적도 있었다. 독일의 기하학자이자 화가인 알브레히트 뒤러는 자신의 관 뚜껑에 부착한 동판화에 마방진을 남겨 자신이 죽은 해인 1514년을 표현하기도 했다고 한다.

참고로 줄과 칸이 3개씩인 것을 3차 마방진, 4개씩인 것을 4차 마방진, 그리고 5개씩인 것을 5차 마방진이라 한다.

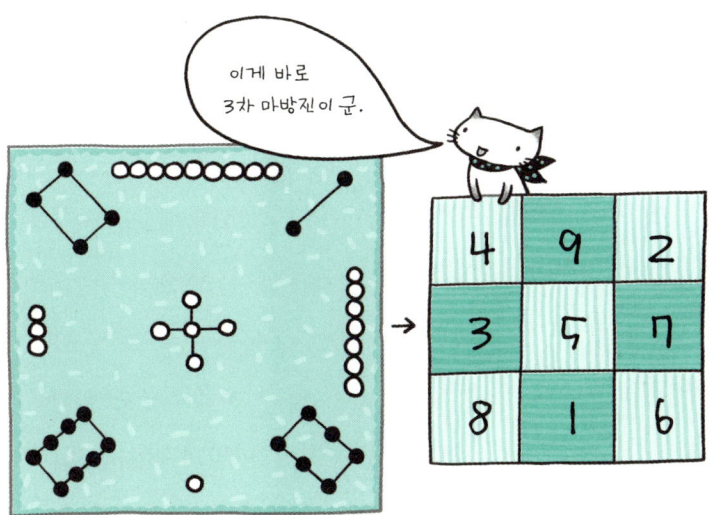

동물들도 셈을 할 수 있을까?

동물의 왕국 같은 TV 프로그램을 보면, 위험을 느낀 어미가 새끼들을 안전한 곳으로 피신시키는 장면이 나온다. 그런데 어미는 자기 새끼들이 모두 몇 마리인지 아는 모양이다. 혹시라도 낙오된 새끼가 있으면 찾아 나서곤 하니 말이다. 그렇다면 동물들도 숫자를 아는 걸까?

학자들에 따르면 동물들도 어느 정도의 숫자 구별은 가능하다고 한다. 가령 둥지에 4개의 알이 있었는데 누군가가 2개의 알을 가져가 버리면 어미는 곧바로 위험을 알아채고 둥지를 옮긴다는 것이다. 그러나 이런 행동이 곧 동물들이 숫자의 개념을 이해하는 증거라고 보긴 힘들다. 다만 많고 적음의 차이를 구별하는 것뿐이다. 그리고 새들은 보통 1개와 2개, 혹은 3개와 4개의 차이 정도는 구별한다고 한다.

새들과 달리 개나 말과 같은 고등동물들은 어느 정도의 숫자를 이해하기도 한다. 특히 인간과 유사한 침팬지는 1에서 5까지의 숫자를

이해할 수 있다고 한다.

그런데 인간 역시 오래전에는 이런 동물들과 크게 다르지 않았다. 숫자의 개념이 아직 확립되기 전, 인간들도 정확한 숫자의 구분을 하지는 못했다. 가령 1과 2까지는 세면서도 그 이상은 무조건 많다고 이해한다거나, 손가락으로 셀 수 없는 숫자는 엄청나게 큰 숫자로 인식한다거나 하는 식이었다.

또한 인간이 동물보다 수에 대한 이해가 더 뛰어난 것은 사실이지만, 숫자를 한 번에 인식하는 능력까지도 뛰어난 것은 아니다. 보통 인간은 한 번에 4개의 숫자밖에 인식하지 못한다고 한다. 그래서 자동차의 번호판도 4자리로 만들어지고, 전화번호 역시 각각 4자를 넘지 않는 것이다. 뿐만 아니라 순간 기억 능력만큼은 침팬지가 인간보다 더 뛰어나다. 일본 교토대학에서 실시한 실험에 따르면, 짧은 시간에 1~9까지의 숫자를 불규칙적으로 보여 주고 그 순서를 맞추는 실험에서 침팬지가 인간보다 오히려 더 높은 성공률을 보여 주었다고 한다.

인터넷 검색 엔진이 숫자다?

리얼 액션으로 많은 관객을 모았던 영화 '본 얼티메이텀 (2007)'에서 주인공 본이 필요한 정보를 검색 엔진을 사용해 얻는 장면이 나온다. 그 사이트는 구글이었다. 구글은 현재 전 세계 수많은 컴퓨터 사용자들로부터 애용되고 있는 검색 엔진으로, 그 이름은 숫자의 명칭이다.

구글은 10의 100승이나 되는 어마어마하게 큰 수로 헤아릴 수 없이 큰 수를 나타내는 말이다. 그 이전에는 10의 68승에 해당하는 무량대수가 사람들이 이름을 붙여 부른 가장 큰 수였지만 구글이 나타나면서 그 자리를 내주었다. 구글은 1940년 미국의 수학자 에드워드 캐스너가 『수학과 상상』이란 책에서 소개한 수로, 전체 우주의 원자수를 곱해 만들어 낸 수라고 한다. 캐스너의 말에 따르면 역사가 시작된 이래 인간이 말로 쏟아 낸 모든 낱말들의 수도 구글에 미치지 못한다고 하니, 구글의 크기를 짐작하기도 힘들다.

검색 엔진 구글의 공동 창립자인 세르게이 브린과 래리 페이지는 수학에 많은 애정을 가지고 있던 학생이었다. 그들은 자신들이 공들여 만든 검색 엔진의 이름을 구글로 정했는데, 그 이유는 세상의 모든 정보를 검색할 수 있음을 의미하는 것이었다. 일종에 자신감의 표시였던 것이다. 그에

대한 시각적 표현으로 구글은 검색된 정보를 나타내는 결과 페이지 아래쪽을 G로 시작하여 찾아낸 정보량만큼을 OOO을 늘려 가며 표시하고, 그 마지막을 gle로 표기하는 방식을 사용하였다. 그러나 사실 구글을 소개한 캐스너는 그 이후 구글보다 큰 구글플렉스란 수를 소개하기도 하였다. 구글보다 큰 수가 있는 것이다. 구글플렉스는 10의 구글 제곱이라고 한다. 이는 우주에 있는 모든 전자의 수를 세어도 그에 미치지 못할 만큼 큰 수라고 한다.

노벨상에 수학이 빠진 이유는?

상이란 참으로 희한하다. 고작 종이 쪼가리에 불과한 것이지만, 받으면 그것이 아무리 작은 상이라고 해도 절로 기분이 좋아지니 말이다. 그런데 만약 상 중의 상인 노벨상을 받게 된다면 기분이 어떨까? 더군다나 노벨상은 엄청난 상금까지 주니 그야말로 세상을 다 가진 것 같은 기분이 들 것이다.

널리 알려진 바와 같이, 노벨상은 스웨덴의 화학자 노벨에 의해 만들어진 상이다. 노벨은 우연한 계기로 안전한 다이너마이트를 발명해 막대한 돈을 벌게 되었는데, 처음 노벨이 다이너마이트를 발명했을 때 그것이 유용한 일에 사용되길 바랐다. 그러나 그의 의도와는 달리 다이너마이트는 사람을 죽이는 전쟁 무기로 사용되었고, 이에 죄책감을 느낀 노벨은 사후에 노벨상을 제정하여 1901년부터 매년 물리학, 화학, 생리·의학, 문학, 평화 부문에서 큰 공헌을 한 사람들에게 막대한 상금과 함께 상이 수여되도록 했다. 이것이 노벨상이 탄생하게 된 배경이다. 그런데 참으로 이상하다. 노벨상에는 왜 수학이 쏙 빠졌을까? 자고로 수학은 모든 과학의 기초가 되는 학문인데 말이다.

노벨상에 수학 부문이 빠진 데에는 가슴 아픈 사연이 있다. 노벨에게는 미탁-레플러라는 친구가 있었는데, 미탁-레플러와 노벨의 부인이 그만 사랑에 빠지고 말았다. 이런 상황에서 노벨은 노벨상에 수학 부문을 넣을 수가 없었다. 미탁-레플러는 당대 최고의 수학자였으므로 수학상을 넣으면 그가 가장 먼저 받을 것이 분명했기 때문이다. 이후, 1968년 스웨덴 은행에 의해 노벨 경제학상이 추가되면서 노벨상은 오늘날과 같이 매년 6개 부문에 수여되고 있다.

한편, 캐나다의 수학자 필즈는 노벨상에 수학 부문이 없는 것을 매우 못마땅하게 여겼다. 그래서 수학 부문에도 노벨상에 견줄 만한 상을 제정해야 한다고 생각했다. 그의 뜻

에 따라 필즈상이 제정되어 1936년부터 4년마다 한 번씩 40세 이하의 수학자들에게 상이 수여되었다. 그리고 오늘날 필즈상은 수학의 노벨상이라고 불린다. 하지만 그 상금의 액수는 노벨상에 비할 바가 못 된다.

수학과 관련된 영화는?

안타깝게도 수학과 관련된 영화는 그리 많은 편이 아니다. 그런 몇 안 되는 수학 관련 영화 중에도 빛나는 역작이 있다. 바로 '뷰티풀 마인드'다.

  2002년 아카데미 감독상과 작품상에 빛나는 '뷰티풀 마인드'는 천재 수학자 존 내쉬의 삶과 사랑을 다룬 영화다. 특히 이 작품에서는 존 내쉬가 게임 이론에서 중요한 위치를 차지하는 내쉬 균형이론을 발견하는 과정이 그려진다. 게임 이론이란 경쟁 관계에 있는 상대방과 동시에 결정을 내려야 하는 경우 자신의 선택이 상대방의 결정에 어떤 영향을 미치며, 반대로 상대방의 결정이 나에게 어떤 영향을 주는지를 연구한 이론이다.

  자신만의 독창적인 이론을 발견하기 위해 고심하던 내쉬는 우연히 들른 술집에서 금발 미녀를 두고 신경전을 벌이는 친구들의 모습을 본다. 그리고 개인의 이익이 전체의 이익과 반드시 일치하지만은 않는다는 사실을 발견한다. 즉, 친구들 중 누군가가 미녀와의 데이트에 성공한다면 그 개인에게는 큰 기쁨이 될 것이다. 그러나 다른 친구들은 집으로 돌아가거나 미녀와 함께 있던 못생긴 친구들과 놀아 주어야 한다. 반대로 데이트를 신청했다가 실패한다면 공연히 어색한 분위기가 연출될 것이고, 다른 친구들이 미녀에게 데이트 신청할 기회까지도 날려 버리게 될 것이다. 바로 이런 점에서 착안해 1949년, 27쪽짜리 논문을 발표한 존 내쉬는 하루아침에 학계의 스타로 떠오른다.

이후 내쉬는 승승장구하여 MIT 대학에서 교수로 강의도 하고, 소련의 암호 해독을 목적으로 하는 비밀 프로젝트에도 참여한다. 그러던 중 물리학과 대학원생 알리샤와 사랑에 빠져 결혼도 하지만 그의 결혼 생활은 순탄치 못하다. 평소 정신 분열증 증세가 있던 내쉬는 자신이 소련 스파이의 감시를 받고 있다고 여기고, 혹시나 자기 때문에 아내가 화를 입을까 노심초사한다. 그리고 그들의 결혼 생활은 파탄 직전에까지 이른다. 그러나 그의 아내 알리샤는 결코 그를 포기하지 않는다. 결국 아내의 헌신적인 사랑으로 병을 극복한 내쉬는 1994년 노벨 경제학상을 받기에 이르고 이야기는 해피엔딩으로 끝난다. 그런데 이 영화는 실제와 약간

의 차이를 보인다. 알리샤는 내쉬와 이혼을 하고 그의 곁을 떠난 적이 있다고 한다. 이 밖에 수학을 소재로 한 영화로는 '큐브' '페르마의 밀실' '굿 윌 헌팅' '파이' 등이 있다.

수학으로 종말론을 만든 수학자가 있다?

1990년대 후반, 종말론을 믿는 사이비 종교 단체들이 많은 사람들을 현혹하면서 사회 문제를 일으킨 적이 있다. 21세기를 앞둔 세기말의 분위기에 심리적으로 불안했던 때라 종말론에 귀가 솔깃한 사람들이 생겼던 것이다.

수학사를 살펴보면 흥미롭게도 종말론을 만든 사람에 대한 이야기가 나온다. 그 사람은 16세기 독일의 수학자 슈티펠이다. 슈티펠은 많은 연구자들로부터 대수학 분야의 뛰어난 업적을 올린 수학자로 평가받는 사람이다. 특히 그는 17세기 르네상스 시대 수학자들에게 큰 영향을 미친 것으로 알려졌다.

눈에 띄는 것은 대수학 분야에서 뛰어난 업적을 이룬 슈티펠이 숫자 신비주의에 심취되어 있었다는 것이다. 그의 숫자 신비주의는 특히 세상의 종말을 예측하려고 하는 노력에서 가장 잘 나타나 있다. 즉, 그는 숫자 신비주의로 일종의 종말론을 만들었던 것이다. 아마 그가 젊었을 때 신부로 지내면서 당시 교회의 부패한 모습을 보고 종교 개혁가가 된 것과 나름의 관계가 있는 것이 아닌가 생각된다. 종교 개혁가로 변모한 이후 그는 숫자 신비주의를 바탕으로 성경을 연구했고, 중요한 단어들을 숫자들과 결부시켜 생각했으며, 이를 바탕으로 문장과 구절의 의미를 해석하려고 하였다. 그 결과로 슈티펠은 1533년 10월 18일에 세상의 종말이 올 것이라고 예언하였다. 슈티펠은 자신의 예언을 믿었고 이를

주위에 퍼뜨렸다. 특히 많은 소작민들에게 일과 재산을 버리고 함께 천국으로 들어갈 준비를 하자고 설득했다. 마침내 그가 예언한 날이 밝았지만 아무 일도 일어나지 않았다. 때문에 자신을 원망하는 사람들을 피해 슈티펠은 감옥에서 숨어 있어야 했다.

음악의 아버지 바흐가 숫자 14를 좋아한 이유는?

탐정 소설이나 탐정 만화를 보면 알파벳과 숫자를 연결시켜 암호를 해독하는 사례가 자주 나오곤 한다. 알파벳 A부터 Z까지를 숫자와 연결시켜 A는 1, B는 2 하는 식으로 말이다. 대개 이렇게 쉬운 암호는 진짜 트릭으로 쓰인 암호를 감추기 위해 연막으로 쓰는 경우가 많지만 말이다.

암호와 관련된 얘기는 아니지만, 사실 알파벳과 숫자를 재미 삼아 대응시켜 생각하는 경우는 예전부터 많았던 것 같다. 어떤 경우 그 놀이에서 법칙을 발견하게 될 때에는 그것에 특별한 의미를 부여하기도 하였다. 음악의 아버지라고 불리는 바흐의 사례가 그 좋은 예라고 할 수 있다.

바흐는 유별날 정도로 14라는 수에 큰 의미를 부여했다. 그 이유는 앞서 살펴본 알파벳과 숫자를 일대일 대응시켜 만든 암호의 원리에서 유래한다. 바흐의 이름을 알파벳으로 표기하면 Bach인데, 이를 숫자로 바꾸어 각 숫자를 더하면 14가 된다.

B+a+c+h
2+1+3+8 =14

그리고 그의 풀네임 Johann Sebastian Bach를 이와 같이 계산하면 158이 나오는데 이 숫자를 백의 자리, 십의 자리, 일의 자리 수를 각각 더하면 역시 14가 된다. 그와 관련된 숫자가 모두 14와 관련이 있는 것이다. 이런 까닭에 바흐는 14에 매우 애착을 보였다. 그는 1747년 음악협회에 가입했는데, 원래 가입하고자 했던 해보다 약 2년 뒤에 가입한 것이었다. 그 이유는 물론 14와 관련 있다. 협회의 14번째 회원이 되기 위해서 가입을 미뤄 두었던 것이다.

안과 밖이 하나인 띠가 있다?

세상에 존재하는 많은 사물에는 모두 안과 밖의 경계가 있다. 우리가 살고 있는 집을 생각해 보면, 사물만이 아니라 공간에도 경계가 있다는 것 또한 알 수 있다. 그런데 바로 이러한 경계가 없는 흥미로운 띠가 있다. 바로 뫼비우스의 띠이다.

뫼비우스의 띠는 독일의 수학자이자 천문학자인 뫼비우스가 만든 띠인데, 수학자뿐만 아니라 일반 사람들도 이 띠에 흥미와 관심을 가지고 있다. 뫼비우스의 띠는 종이띠 하나로 충분히 만들 수 있는 것인데, 일반 종이띠와 다른 점은 띠를 만들 때 2개의 띠 끝을 한 번 꼬아 붙여준다는 점이다.

기본적인 종이띠는 2개의 면, 2개의 테두리를 가진다. 즉 경계가 있다. 그래서 기본적인 종이띠를 색연필로 칠하게 되면 2개의 면에 따로 칠을 해야 한다. 하지만 뫼비우스의 띠는 하나의 면을 가진다. 테두리가 없는 것이다. 그래서 한 번에 모든 면을 칠할 수 있다. 놀라운 것은 뫼비우스의 띠 중앙에 금을 긋고 그 금을 따라 잘라 내어도 뫼비우스의 띠 모양이 된다는 것이다.

이러한 독특한 성질 때문에 뫼비우스의 띠는 많은 사람들이 신기하고 흥미로운 띠로 여기고 있다. 뫼비우스의 띠

는 이런 점에서 우리의 상식에 새로운 질문을 던지게 하였고, 기존의 기하학적인 의미들을 새롭게 만들었다고 볼 수 있다.

정말 여자가 남자보다 수학을 못하나?

한때 김 여사 시리즈가 유행했었다. 김 여사는 이상하게 주차를 하거나, 사고가 날 상황이 아닌데도 사고를 낸 여성 운전자들을 지칭하는 말이다. 그리고 이러한 폄하는 도를 넘어 여성 운전자 전체를 비하하기도 한다. 그런데 이러한 현상은 수학에 관해서도 나타난다.

인류의 역사상 무수히 많은 수학자들이 나왔다. 그런데 그중에 대부분은 남성이며 여성 수학자는 손에 꼽기도 민망할 정도이다. 뿐만 아니라 대학 입학 성적을 보더라도 여성 수험생들의 수학 성적은 남성 수험생들의 성적보다 평균적으로 떨어지는 것이 사실이다. 그래서 일부 학자들은 여성이 남성보다 수학 능력이 떨어진다고 주장한다.

여성이 남성보다 수학을 못한다고 주장하는 학자들은 크게 선천설을 주장하는 부류와 후천설을 주장하는 부류로 나뉜다. 그리고 선천설을 주장하는 학자들은 남성 호르몬이 수학 능력에 영향을 끼친다고 말한다. 이에 반해 후천설을 주장하는 학자들은 남성들은 일찍부터 블록 쌓기나 조립식 놀이를 하며 수리적 사고력을 키우기 때문에, 인형놀이나 소꿉장난을 하며 노는 여성들보다 수학적 능력이 뛰어날 수밖에 없다고 주장한다.

그런데 여성이 남성에 비해 결코 수학 능력이 떨어지지 않는다고 주장하는 학자들도 있다. 그들의 주장에 따르면 여성이 남성보다 수학을 못하는 이유는 단지 여성이 남성에 비해 교육을 받을 기회가 부족하기 때문이며, 실제로 상위

권 학생들만 놓고 봤을 때에는 여성의 수학 성적이 남성보다 결코 뒤지지 않는다고 주장한다. 그리고 유명한 수학자들 대부분이 남성인 이유 또한, 단지 남성이 여성보다 사회에 진출할 수 있는 기회가 많았기 때문이라고 말한다.

7장 • 믿거나 말거나 기묘한 수학세상

세상에서 가장 쉬운 수학지도

1판 1쇄 2010년 2월 15일
      8쇄 2018년 6월 10일

지 은 이 조채린
옮 긴 이 주정관
발 행 처 북스토리(주)
주   소 경기도 부천시 길주로 1 한국만화영상진흥원 311호
대표전화 032-325-5281
팩시밀리 032-323-5283
출판등록 1999년 8월 18일 (제22-1610호)
홈페이지 www.ebookstory.co.kr
이 메 일 bookstory@naver.com

ISBN 978-89-93480-34-4 03410
     978-89-93480-01-6 (세트)

※잘못된 책은 바꾸어드립니다.